彩图 1　麒麟鱼

彩图 2　梅菜扣肉

彩图 3　锅贴里脊

彩图 4　酿青椒

彩图 5　汆鱼脯

彩图 6　焦熘肉片

彩图 7　软炸鸡柳

彩图 8　糖醋里脊

彩图 9　松鼠鳜鱼

彩图 10　麻婆豆腐

彩图 11　普通清汤

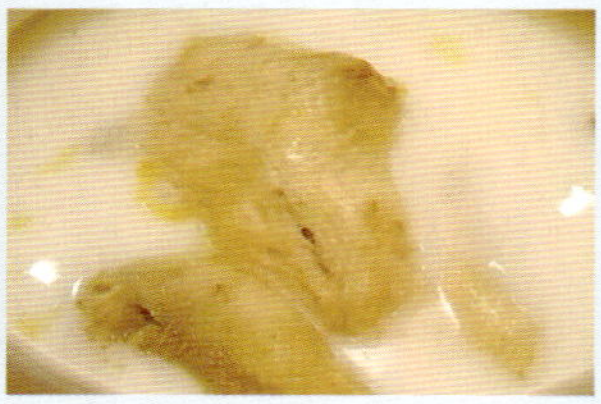
彩图 12　普通白汤（奶汤）

彩图 13　烩酸辣肚丝

彩图 14　红烩三丁

彩图 15　红焖肘子

彩图 16　黄焖鸡块

彩图 17　焦熘里脊

彩图 18　糖醋鲤鱼

彩图 19　油爆双脆

彩图 20　芫爆里脊丝

彩图 21　干煎黄鱼

彩图 22　南煎丸子

彩图 23　清蒸鳜鱼

彩图 24　米粉肉

彩图 25　酱鸡

彩图 26　卤鸡肫

彩图 27　什锦拼盘——扇面三拼

彩图 28　什锦拼盘——扇面八拼

国家职业技能等级认定培训教材
高 技 能 人 才 培 养 用 书

中式烹调师

（中级）

国家职业技能等级认定培训教材编审委员会　组编

主　编　袁旭超　高艳普

副主编　吴　雷　李　文　王　浩

参　编　张　竹　季　飞　费伯平

机械工业出版社
CHINA MACHINE PRESS

本书依据《国家职业技能标准 中式烹调师》（2018 年版）的要求，按照标准、教材、试题相衔接的原则编写，从岗位培训需求出发，介绍了中级中式烹调师应掌握的技能和相关知识，涉及原料初加工、原料分档与切配、原料预制加工、菜肴制作等内容，并配有模拟题、模拟试卷及参考答案，以便企业培训和读者自测。

本书理论知识与技能训练相结合，图文并茂，适用于职业技能等级认定培训、中短期职业技能培训，也可作为读者考前复习用书，还可供职业院校相关专业师生参考。

图书在版编目（CIP）数据

中式烹调师 ：中级 / 袁旭超，高艳普主编. 北京 ：机械工业出版社，2024. 12. --（国家职业技能等级认定培训教材）（高技能人才培养用书）. -- ISBN 978-7-111-77130-2

Ⅰ. TS972.117

中国国家版本馆CIP数据核字第20248ZU100号

机械工业出版社（北京市百万庄大街22号 邮政编码100037）

策划编辑：卢志林 范琳娜 责任编辑：卢志林 范琳娜 章承林

责任校对：韩佳欣 王 延 责任印制：李 昂

北京新华印刷有限公司印刷

2025年1月第1版第1次印刷

184mm × 260mm · 8.5印张 · 2插页 · 174千字

标准书号：ISBN 978-7-111-77130-2

定价：49.80元

电话服务

客服电话：010-88361066

010-88379833

010-68326294

网络服务

机 工 官 网：www. cmpbook. com

机 工 官 博：weibo. com/cmp1952

金 书 网：www. golden-book. com

机工教育服务网：www. cmpedu. com

编审委员会

序

新中国成立以来，技术工人队伍建设一直得到了党和政府的高度重视。20世纪五六十年代，我们借鉴苏联经验建立了技能人才的“八级工”制，培养了一大批身怀绝技的“大师”与“大工匠”。“八级工”不仅待遇高，而且深受社会尊重，成为那个时代的骄傲，吸引与带动了一批批青年技能人才锲而不舍地钻研技术、攀登高峰。

进入新时期，高技能人才发展上升为兴企强国的国家战略。从2003年全国第一次人才工作会议，明确提出高技能人才是国家人才队伍的重要组成部分，到2010年颁布实施《国家中长期人才发展规划纲要（2010—2020年）》，加快高技能人才队伍建设与发展成为举国的意志与战略之一。

习近平总书记强调，劳动者素质对一个国家、一个民族发展至关重要。技术工人队伍是支撑中国制造、中国创造的重要基础，对推动经济高质量发展具有重要作用。党的十八大以来，党中央、国务院健全技能人才培养、使用、评价、激励制度，大力发展技工教育，大规模开展职业技能培训，加快培养大批高素质劳动者和技术技能人才，使更多社会需要的技能人才、大国工匠不断涌现，推动形成了广大劳动者学习技能、报效国家的浓厚氛围。

2019年国务院办公厅印发了《职业技能提升行动方案（2019—2021年）》，目标任务是2019年至2021年，持续开展职业技能提升行动，提高培训针对性实效性，全面提升劳动者职业技能水平和就业创业能力。三年共开展各类补贴性职业技能培训5000万人次以上，其中2019年培训1500万人次以上；经过努力，到2021年底技能劳动者占就业人员总量的比例达到25%以上，高技能人才占技能劳动者的比例达到30%以上。

目前，我国技术工人（技能劳动者）已超过2亿人，其中高技能人才超过5000万人，在全面建成小康社会、新兴战略产业不断发展的今天，建设高技能人才队伍的任务十分重要。

机械工业出版社一直致力于技能人才培训用书的出版，先后出版了一系列具有行业影响力，深受企业、读者欢迎的教材。欣闻配合新的《国家职业技能标准》又编写了“国家职业技能等级认定培训教材”。这套教材由全国各地技能培训和考评专家编写，具有权威性和代表性；将理论与技能有机结合，并紧紧围绕《国家职业技能标准》的知识要求和技能训练编写，实用性、针对性强，既有必备的理论知识和技能知识，又有考核鉴定的理论和技能题库及答案；而且这套教材根据需要为部分教材配备了二维码，扫描书中的二维码便可观看相应资源；这套教材还配合机工教育、天工讲堂开设了在线课程、在线题库，配套齐全，编排科学，便于培训和检测。

这套教材的出版非常及时，为培养技能型人才做了一件大好事，我相信这套教材一定会为我国培养更多更好的高素质技术技能型人才做出贡献!

中华全国总工会副主席

高凤林

前言

为推动中式烹调师职业培训和职业技能等级认定工作的开展，在中式烹调师从业人员中推行职业技能等级证书制度，国家职业技能等级认定培训教材编审委员会组织有关专家，编写了本书。

本书内容根据《国家职业技能标准　中式烹调师》（2018年版）（以下简称《标准》）的要求编写，书中各项目对应《标准》的“职业功能”“工作内容”，文中阐述的内容对应《标准》的“技能要求”和“相关知识要求”。内容包括原料初加工、原料分档与切配、原料预制加工、菜肴制作等。为方便应试人员了解职业技能等级认定形式与难度要求，本书还配有模拟题、模拟试卷和参考答案，供应试人员练习。

本书是中式烹调从业人员技能等级认定培训和自学指导用书，也可供职业院校相关专业师生参考。

本书由石家庄信息工程职业学院的袁旭超、石家庄旅游学校的高艳普担任主编，江苏旅游职业学院的吴雷、无锡南洋职业技术学院的李文、绍兴技师学院的王浩担任副主编，江苏省惠山中等专业学校的张竹、张家港第二职业高级中学的季飞、费伯平参与编写。本书在编写过程中，借鉴了很多文献资料，未能一一注明出处，在此一并表示衷心的感谢。

由于编写水平有限，书中缺点和遗漏在所难免，请专家、同行及广大读者批评指正。

编　者

目录

项目 3 原料预制加工

项目 4 菜肴制作

项目 1

原料初加工

- 原料初加工
  - 鲜活原料初加工
    - 动物性鲜活原料品质鉴别的方法
    - 家畜类原料清理加工方法及技术要求
    - 水产品原料初加工方法及技术要求
    - 技能训练1 猪头的清洗加工
    - 技能训练2 猪蹄、猪尾的清洗加工
    - 技能训练3 猪肠的清洗加工
    - 技能训练4 软兜鳝鱼汆烫加工
  - 干货原料初加工
    - 干货原料品质鉴别的方法
    - 干货原料的属性分类
    - 油发加工的概念及原理
    - 动物性干制原料的油发方法及技术要求
    - 技能训练1 蹄筋的涨发加工
    - 技能训练2 肉皮的涨发加工
    - 技能训练3 鱼肚的涨发加工

1.1 鲜活原料初加工

1.1.1 动物性鲜活原料品质鉴别的方法

1. 烹饪原料品质鉴别的意义

1）烹饪原料品质的好坏对所烹饪成的菜肴的质量有决定性的影响。

2）烹饪原料品质的好坏与食用者的健康甚至生命安全有极为密切的关系。

2. 烹饪原料品质鉴别的基本要求

不同的烹饪原料有不同的质量要求，但也有一些共同的要求。

1）掌握原料的品种特点，熟悉各种原料的性能和品种间的质量差异，从而根据需要选用合适的原料。

2）掌握各种原料的最佳上市季节，充分发挥原料的最佳效能，做到物尽其用。

3）掌握各地区的地方名特产品，发挥其优势，制作特色菜肴。

4）掌握原料的真伪鉴别方法，做到去粗取精，去伪存真，杜绝假冒伪劣产品的出现。

5）掌握各类原料的卫生要求，把好卫生关，使腐败变质、有毒或被污染的原料迅速被剔除，以保证食用者的身体健康。

3. 烹饪原料品质鉴别的方法

烹饪原料品质鉴别的方法主要有理化检验和感官检验两大类。

（1）理化检验　理化检验是指利用仪器设备和化学试剂对原料的品质好坏进行判断。

理化检验包括理化方法和生物学方法两类。理化方法可分析原料的营养成分、风味成分、有害成分等。生物学方法主要是测定原料或食品有无毒性或生物污染。

运用这类方法鉴别检验原料的品质比较精确，能具体而深刻地分析食品的成分和性质，做出原料品质和新鲜度的科学结论，还能查出其变质的原因。但运用该法检验时必须具有相应的设备和专业技术人员，且检验周期较长，故此方法在烹饪行业通常较少使用。

（2）感官检验　感官检验就是凭借人体自身的感觉器官，即凭借眼、鼻、口（包括唇和舌）、耳和手等感觉器官，对原料的品质好坏进行判断。

1）视觉检验，是指利用人的视觉器官来鉴别原料的形态、色泽、清洁程度等。这是判断原料感官质量运用范围最广的一个重要手段。视觉检验应在白天的散射光线下进行，以免灯光造成隐色发生错觉，检验时应注意整体外观、大小、形态、块形的完整程度、清洁程度，表面有无光泽、颜色的深浅等。

2）嗅觉检验，是指利用人的嗅觉器官来鉴别原料的气味。许多烹饪原料都有固定的气味，当它们发生腐败变质时，就会产生不同的异味。如核桃仁变质后产生哈喇味，肉类变质后产生尸臭味，西瓜变质带有馊味等。在检验液态原料时，可将其滴在清洁的手掌上摩擦，以增加气味的挥发；检验畜肉等大块原料时，可用尖刀或牙签等刺入深处，拔出后立即嗅闻气味。但应注意，原料嗅觉检验的顺序应当是先识别气味淡的，后检验气味浓的，以免影响嗅觉的灵敏度。

3）味觉检验，是指利用人的味觉器官来检验原料的滋味，从而判断原料品质的好坏。味觉检验的准确性与食品的温度有关，在进行味觉检验时，最好使原料处在25~45℃，以免因温度变化而影响检验结果的准确性。对几种不同味道的原料进行感官评价时，应当按照刺激性由弱到强的顺序，最后检验味道最强烈的原料。

4）听觉检验，是指利用人的听觉器官鉴别原料的振动声音来检验其品质。如用手摇鸡蛋听蛋中是否有声音，来确定蛋的好坏；挑西瓜时，用手敲击西瓜听其发出的声音，来检验西瓜的成熟度等。

5）触觉检验，是指通过手的触觉检验原料的重量、质感（弹性、硬度、膨松状况）等，从而判断原料的质量。这也是常用的感官检验法之一。如根据鱼体肌肉的硬度和弹性，可以判断鱼是否新鲜；根据蔬菜的柔韧性可以判断其是否鲜嫩等。在利用触觉检验法检测原料的硬度（或稠度）时，要求温度应在15~20℃，因为温度的高低会影响原料状态的改变。

4. 畜肉的新鲜度检验

畜肉的新鲜度检验主要以感官检验为主，主要观察肉品表面和切面的状态，如色泽、黏度、弹性、气味及煮沸后肉汤的变化等，目前我国的鲜肉感官指标为法定检验指标，见表1－1。

表1－1　鲜肉感官指标

项目	新鲜肉（一级鲜度）	次鲜肉（二级鲜度）	变质肉
色泽	肌肉有光泽，红色均匀，脂肪洁白	脂肪色稍暗，脂肪缺乏光泽	肌肉无光泽，脂肪呈灰绿色
黏度	外表微干或微湿润，不粘手	外表干燥或粘手，新切面湿润	外表极度干燥或粘手，新切面发黏
弹性	指压后凹陷立即恢复	指压后凹陷恢复慢，且不能完全恢复	指压后凹陷不能恢复，留有明显痕迹
气味	具有新鲜猪肉的正常气味	稍有氨味或酸味	有臭味
煮沸后肉汤	透明澄清，脂肪团聚于表面，具有香味	稍有混浊，脂肪呈小滴浮于表面，无鲜味	混浊，有黄色絮状物，脂肪极少浮于表面，有臭味

1.1.2 家畜类原料清理加工方法及技术要求

家畜类原料的清洗主要包括肌肉和内脏的清洗。肌肉部分的清洗比较简单，重点是内脏的清洗。内脏附着的黏液较多，且异味重。由于家畜原料各肌体组织结构相差很大，因此同一种原料的洗涤加工工作往往需要采用多种方法。

常用的清洗方法有里外翻洗法、盐醋搓洗法、灌洗法、清水漂洗法、烫洗法、刮洗法等。

1. 里外翻洗法

里外翻洗法主要用于肠、肚等内脏的洗涤加工。由于这些原料内部黏液较多，外面带有油脂和污物，只有采用里外翻洗法才能将其洗净。采用此方法洗涤家畜的肠、肚等内脏时，应将其里外的黏膜及油膜全部摘除并清洗干净。

2. 盐醋搓洗法

盐醋搓洗法主要用于洗涤油腻和黏液较多的原料，如肠、肚等。在里外翻洗前应先加适量的盐和醋反复揉搓，再进行洗涤，以去除其外层的黏液和异味。具体方法如下：

1）先除去肠、肚等原料上的污物和油脂。

2）将去掉污物和油脂的肠、肚放入盆内，加入盐，用手反复搓揉，用清水洗净后，再加盐，搓揉、洗净。如此反复几次，直至洗净黏液。

3）将洗净黏液的肠、肚加醋搓揉去除异味。用同样方法反复搓洗，直至无异味为止。

在实际清洗过程中，盐醋搓洗法和里外翻洗法是结合进行、缺一不可的。

3. 灌洗法

灌洗法又称冲洗法，主要用于猪肺的洗涤加工。将肺管套在自来水龙头上，使水灌进肺中使肺叶扩张，从而冲净血污，直至肺色发白，再剥去肺的外膜，将肺洗涤干净。

4. 清水漂洗法

清水漂洗法主要适用于脑、脊髓等细嫩、松散易碎的原料清洗。一般是将其置于清水中，用小刀或竹扦轻轻剔除血衣或血筋，再用清水漂洗干净。要注意防止原料散碎，漂洗时不能用力搅拌或翻动，漂洗后必须确保原料的完整和光滑。

5. 烫洗法

烫洗法主要适用于猪舌、牛舌的清洗。把初步洗涤过的内脏放入沸水锅中烫，以去除黏液、白膜及异味。具体操作方法是：将内脏投入开水锅中稍烫，当内脏开始卷缩，白膜转白时立即捞出，然后用刮刀刮去白膜，洗去黏液，用清水洗净。

6. 刮洗法

刮洗法是一种除去家畜类外皮污垢和硬毛皮膜的洗涤方法，通常用于猪肉的外皮、火腿等原料外表的洗涤加工，在洗涤过程中通常用刀反复刮洗，以去除原料表面的污物、毛根、黏液、皮膜等杂物。

1.1.3 水产品原料初加工方法及技术要求

水产品一般指咸水鱼类、淡水鱼类、虾蟹贝类等原料。这些原料品种多，在烹饪应用上使用方法也各不相同，因此，初加工的方法也应因料而异。

1. 水产品的初加工要求

1）水产品初加工的目的是便于烹制。水产品中往往带有较多的黏液、血水、寄生虫等污秽杂物和异味，必须去除，以符合卫生要求，保证菜肴的质量。

2）按用途或品种加工水产品的品种较多，都要按照用途及不同品种进行初加工。如一般鱼类都必须去鳞，但鲥鱼就不能去鳞，多数鱼类要剖腹取出内脏，而黄鱼则要根据要求不剖腹，从口中将内脏卷拉出来，以保持鱼体的形态完整。此外，在加工过程中还要注意充分利用某些可食部位，避免浪费，如黄鱼鳔，青鱼的肝、肠等均可食用。

3）切勿弄破苦胆。一般淡水鱼类都有苦胆，如果将苦胆弄破，胆汁会使鱼肉的味道变苦，影响菜肴的质量，甚至无法食用，所以在剖腹时应特别注意。

2. 水产品的初加工方法

水产品的初加工方法大体上可分为刮鳞、去鳃、褪沙、取内脏、洗涤等几个步骤。但是由于鱼的品种较多，所以应视品种的不同而采用不同的加工方法。

（1）刮鳞、去鳃、褪沙　多数鱼类需要刮鳞，一般用刀或鱼鳞刷倒刮，从尾部向头部刮上去，将鱼鳞刮干净。刮鱼鳞时要注意：

1）不可弄破鱼皮，保持鱼体的完整。

2）鱼鳞要刮干净。特别要将尾部、近头部、背鳍部、腹边部狭窄处的鱼鳞刮干净。

3）刮鳞时有的要将鱼鳍剪去，如黄鱼可先将背鳍剪去后再刮。

4）有些鱼的鳞不可刮，如鲥鱼、鲴鱼，这些鱼的鳞下脂肪较多，口味鲜美。

有的鱼不能刮鳞，应剥皮，如马面鱼，只要在头部鳃边用刀划开一道口即可用手将粗糙的皮剥下。

刮鳞后去鳃，鱼鳃一般用手挖去或用剪刀剪去。

要褪沙的鱼较少，常见的是鲨鱼。褪沙前先要鉴别其质地老嫩，再用热水烫，质地老的水温要高些，质地嫩的水温可低些，烫至用刀能刮净沙粒即可。但烫时要注意水温不宜过高，以免烫破鱼皮，否则沙子进入鱼体，影响质量。

（2）取内脏　取内脏通常有两种方法：一种是剖腹取，大部分鱼类采用此方法，即在肛门与胸鳍之间沿腹部划一刀，取出内脏；一种是保持鱼体完整不破肚，可以在肛门处开一小横刀口将肠割断，再用两根筷子从鱼鳃插入肚内，卷出内脏，如黄鱼、鳜鱼等使用此方法。

（3）洗涤　鱼经过刮鳞、去鳃、去内脏后，用清水将鱼腹内的血水、黑膜冲洗干净即可。

技能训练 1　猪头的清洗加工

工艺流程：剔刮→清水冲洗→烧燎→洗涤→清水冲洗。

原料：鲜猪头1只。

操作过程：

1）用小刀将猪头部的毛刮净，对于粗毛最好连根拔除，并用清水冲洗。

2）将冲洗后的猪头放在火上烤，燎去未刮除干净的硬毛和细毛。

3）用小刀刮净猪头表面的污物，并用清水冲洗干净即可。

操作要领：

1）用刀刮毛时注意不能割破表皮，保持皮的完整性。

2）烧燎时注意时间不宜过长，把毛烧焦即可。

技能训练 2　猪蹄、猪尾的清洗加工

工艺流程：剔刮→清水冲洗→烧燎→洗涤→清水冲洗。

原料：猪蹄、猪尾各1只。

操作过程：

1）用小刀将猪蹄、猪尾的毛刮净，对于粗毛最好连根拔除，剥去猪蹄外壳，并用清水冲洗。

2）将冲洗后的猪蹄、猪尾放在火上烤，燎去未刮除干净的硬毛和细毛，也可用烧红的铁器烙除残余的猪毛。

3）用小刀刮净猪蹄、猪尾表面的污物，特别要注意刮去蹄间的污垢，并用清水冲洗干净。

操作要领：

1）用刀刮毛时注意不能割破表皮，保持皮的完整性。

2）烧燎、铁器烙时注意时间不宜过长，把毛烧焦即可。

技能训练 3　猪肠的清洗加工

工艺流程：灌水冲洗→盐醋搓洗→里外翻洗→初步熟处理→清水冲洗。

原料：猪肠1副，盐、醋各适量。

操作过程：

1）用手伸入肠内，把口大的一头翻转过来，用手指撑开，灌注清水，肠子受到水的压力，就会逐渐翻转。等肠子完全翻转后，用手摘去或用剪刀剪去猪肠上的油脂、污物。

2）将猪肠放入盆内，加入盐和醋，用双手反复搓洗，用清水冲净黏液。

3）用上述的套肠方法，将猪肠翻回原样，再次加入盐和醋搓洗，用清水冲净。如此反复几次，直至除净黏液。

4）将洗干净的猪肠投入冷水锅，边加热边搅动、翻动几次，待水烧沸，取出后用清水冲洗干净即可。

操作要领：家畜类原料的内脏一般异味较重，洗涤时一定要将异味去除干净。有的内脏需要几种洗涤方法混合使用才能完全去除异味，要灵活掌握。

技能训练4 软兜鳝鱼汆烫加工

工艺流程：烧水至沸→加入调料→放入鳝鱼→调低温度→轻轻推动→清水冲洗。

原料：活鳝鱼500克，葱、姜、黄酒、醋、盐各适量。

操作过程：

1）在锅中注入清水，并将其烧沸（水和鳝鱼的比例是3：1）。

2）依次加入葱、姜、黄酒、醋、盐。注意：醋的浓度约为4%，盐水的浓度约为3%。

3）用纱布将活鳝鱼包好放入锅中，迅速盖上锅盖，调小火力。注意：不能让水沸腾，否则鱼皮会破裂。可在水将要沸腾时注入少量冷水，以控制水温。

4）在烫制过程中轻轻推动鳝鱼，使黏液从鱼体表面脱落。一般在90℃左右的水中烫制15分钟即可。烫好后用清水冲净。

操作要领：无鳞鱼的黏液是此类鱼的腥味来源，加工时要彻底去除干净，且加工的方法也要符合菜肴的要求，根据需要正确选择生搓法和熟烫法去除黏液。

1.2 干货原料初加工

1.2.1 干货原料品质鉴别的方法

干货原料，简称干货或干料，是指为了便于储存和运输，对新鲜的可食用的动植物原料进行干制而形成的一类食品原材料。干制办法有：自然晒干、风干、阴干、人工烘干、热空气干燥、真空干燥等。干货原料的品种很多，包括植物性干货制品和动物性干货制品，如黄花菜、香菇、木耳、干辣椒、玉兰片、鱼干、干海参、鱿鱼干、干蹄筋、鱼肚等。

1. 干货原料品质鉴定的内容

干货原料因其脱水干制的方法不同，以及在储存、运输过程中受外界因素的影响，干货的品质也会发生变化，所以干货的品质检验，主要是检验干货原料固有特征有无改变。其检验内容如下：

（1）看　就是看外形，主要从以下3个方面来检验：

1）干爽、不霉烂是衡量干货质量的首要标准。干货由于久藏或储存不善，会吸收空气中水分而回潮发软、发霉，甚至腐烂变质。因此，干货保持干爽、无霉烂现象的质量为好。

2）整齐完整均匀是衡量干货质量的重要标准。同一种干货原料往往因干制时选料要求、加工方法及储存运输情况的不同，而在外观上产生较大的差别。干货越整齐，越均匀，越完整，其质量就越好。

3）无虫蛀、无杂质，保持原有的色泽。干货在储存过程中，发生虫蛀，其质量则降低。在干制时没有去除杂质或杂质没去除干净，则质量较差。每种干货都有其固有色泽，一旦色泽改变，就说明品质发生了变化。

（2）嗅　就是闻味，要求熟悉干货原料的味道。大多数干货原料都有其自身的味道，植物性干料都具有各自的清香味，动物性干料除有原料固有的本味之外，无任何异味。

（3）敲　敲是针对动物性干料的一种检验方法，采用敲打的方法，听声音判断原料干燥程度，是否符合质量标准。

（4）摸　摸主要是针对植物性干料的检验方法，通过触摸来确定含水量的多少，以此判断原料的干的程度是否符合质量标准。

2. 常用干货原料的鉴定方法

（1）猪皮（响皮）　由鲜猪皮经煮熟后除去皮下脂肪及杂毛晒干或晾干而成（图1-1）。因油发好的肉皮浸泡于水中会发出“啪啪”的响声，故又称响皮，全国各地均产。品质以外表洁净无毛、色泽黄亮、无残余肥膘、皮质坚厚紧实、毛孔细小、干燥、无哈喇味者为佳，尤以猪背皮或臀皮制作的为优。

图 1-1　猪皮

（2）牛鞭　牛鞭（图1-2）是用公牛的外生殖器除去残肉和油脂干制而成的。全国各地均产，一年四季均可加工。牛鞭呈长条状，表面呈棕色，有纵向的皱沟，质坚韧，膻臊味较重。品质以长而粗壮、无残肉及油脂、形完整、身干者为佳。

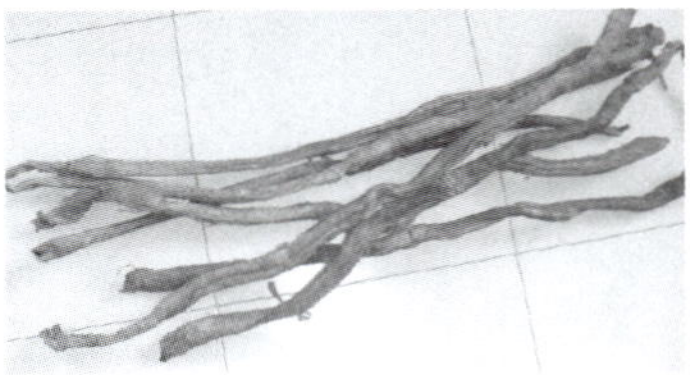

图 1-2　牛鞭

（3）鹿筋　鹿筋（图1-3）是用人工养殖的梅花鹿、马鹿等的四肢韧带、粗筋干制而成的。以东北、河北、青海、甘肃、四川等地为主产地，一年四季均产。品质以身干、坚韧、条长、粗大、色金黄、有光泽者为佳。鹿筋呈细条状，金黄或棕黄色，有光泽而透明，成熟后质糯。

图1-3　鹿筋

（4）鱼唇　鱼唇（图1-4）又称鱼头，是用鲨鱼、鲟鱼、鳐鱼等唇部周围的软肉及骨组织加工而成的。主要产于我国福建、台湾、广东等地，一年四季均产。品质以身干体厚、色泽灰白透明、无虫蛀、无臭味者为佳。鱼唇质细嫩，味鲜美，营养丰富，略呈透明状。

（5）鱼信　鱼信又称鱼筋、鱼骨髓，由鲨鱼、鲟鱼、鳐鱼、鳇鱼等的脊髓干制而成。主要产于我国福建、台湾、广东等地，一年四季均产。品质以条形粗大、色白、质地干燥者为佳。鱼信呈长条状，白色，质脆嫩。

（6）虾米　虾米（图1-5）又称开洋、金钩、海米，是小型虾经盐水煮制、晒干、去头尾及外壳制成的。用淡水产的青虾、河虾和米虾制成的虾米又称湖米或河米。色泽有淡黄、浅红、粉红3种。主要产于我国沿海及内陆地区。品质以身干盐轻、色泽红黄光润、颗粒均匀完整、无灰壳、无爪节、爪甲、黑头者为佳。虾米成品前端粗圆，后端呈尖细弯钩形，味鲜。

（7）哈士蟆油（图1-6）　哈士蟆，学名中国林蛙。哈士蟆油是雌性哈士蟆输卵管的干制品，是名贵的中药材，以吉林、黑龙江产的质量最好。哈士蟆油鲜品为乳白色，干品呈不规则块状，黄白色，油润，具有脂肪样光泽，有薄膜状干皮，手摸有滑腻感，遇水可膨胀10~15倍，微有腥味。

图1-4　鱼唇

图1-5　虾米

图1-6　哈士蟆油

（8）干贝　干贝（图1-7）是扇贝科的扇贝、日月贝和江珧等贝类的闭壳肌的干制品。主要产于渤海和胶州湾沿海，以山东荣成出产的品质最好。上市旺季为每年的5月和10月。干贝品质以干燥、粒大饱满、色泽淡黄、有光泽、肉质细密、咸味轻、鲜味突出、有香气、无杂质者为上品。色泽灰暗、发黑、肉质老韧、鲜味不突出者质量较差。干贝圆整，色泽浅黄，肉质细嫩，只有一个柱心，味极鲜美。带子由日月贝的闭壳肌制成的干制品，体小扁圆，色浅黄，味微回甜，入口绵老，质量次于干贝。江珧是江珧的闭壳肌的干制品，柱体形粗长，纤维较粗，有两个柱心，入口老韧，鲜味最差。

（9）淡菜　淡菜（图1-8）也称海红干、贡淡、壳菜等，是用煮熟的贻贝肉干制而成的，因加工中没有用盐，故名淡菜。主要产于浙江舟山、辽宁、山东、广东、福建等沿海地区，上市旺季为春秋两季。淡菜味极鲜香，品质以身干体大、肉厚坚实、个形整齐、色泽紫棕色或乳白色、略有光泽、无杂质、无破损、味鲜、带有海鲜香气者为佳。淡菜为卵圆形，雌体干制品呈浅紫色或棕红色，雄体干制品呈乳白色。淡菜按大小可分为子淡（体小如蚕豆）、中淡（形如小枣）、大淡（形如大枣）、特大淡（个头最大，干制品3个就有50克）。有的地方将淡菜由小到大称为子淡、元淡、贡淡、大淡。

图 1-7　干贝

图 1-8　淡菜

（10）乌鱼蛋　乌鱼蛋（图1-9）是由雌墨鱼的缠卵腺干制而成的，一般为盐干制品。主要产于山东的青岛、烟台等地。每年5~6月为盛产季节。品质以个大、色白、完整、无异味者为佳。乌鱼蛋含有丰富的蛋白质，味极鲜美，营养价值高。

（11）裙边　裙边（图1-10）指鳖的背腹甲，由结缔组织相连形成厚实的边，类似裙子，故称为裙边，多为干制品。全国各地均产，淡水鳖以江苏花鳖为精品，海鳖则主要产于海南岛、西沙群岛等，现产量较少。以6~7月产的最为肥美。品质以厚实、无腥味者为佳。裙边富含胶质，色泽玉白，软嫩滑爽，适口性好。

图 1-9　乌鱼蛋

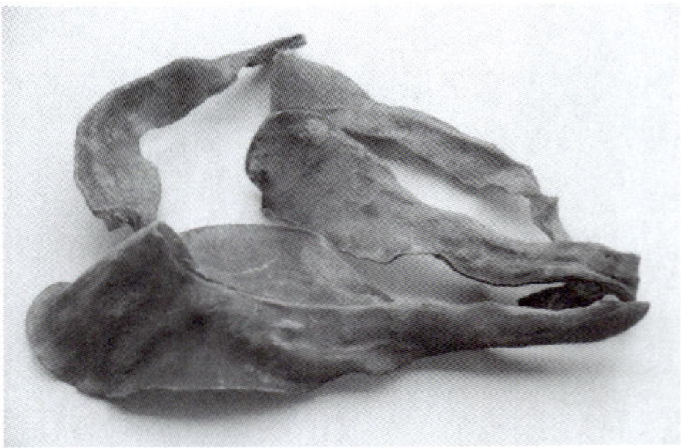

图 1-10　裙边

（12）紫菜　又称子菜、膜菜，主要产于山东半岛、辽东半岛和浙江、福建沿海，每年12月至第二年5月上市。品质以表面光滑滋润、紫色有光泽、片薄、大小均匀、质干味香、无杂质者为佳。

（13）玉兰片　由毛竹笋干制而成。因毛竹笋的形状、色泽均似玉兰花而得名。玉兰片主要产于湖南，浙江、湖北、江西、广西等地也有分布。品质以色泽玉白光洁、肉质细嫩、体小肉厚而结实、笋节紧密、无老根和霉蛀者为佳。玉兰片有冬片、桃片、春片之分，其中冬片质量最好。

（14）香菇　又称冬菇，主要产于安徽、福建、江西等地的山林地带。品质以形状如伞，伞顶面有白色裂纹，色泽褐黄光润，朵小柄短，质嫩，肉厚，气味芳香者为上品。从感官上鉴别，品质以体稍大而均匀、菌伞肥厚、菌柄短而粗壮、身干、香气浓郁、无霉烂、无虫蛀者为佳。

（15）猴头蘑　又称猴头菌。产于长江以北的深山森林中，以东北、河南等地分布较多。品质以个头均匀、色泽鲜黄、体态完整、不伤须刺、无霉烂、无虫蛀者为佳。

（16）竹荪　又名竹参、竹笙、网纱荪等。主要产于四川、云南、贵州等地。品质以子实体长9~16厘米、长短均匀、网整不破、色泽浅黄、气味清香、质地柔嫩、身干无杂质者为佳。

（17）石花菜　它是海产红藻之一，分布在我国大部分沿海地区，以广东为多。一般每年5~6月采集。品质以身干、色黄亮、无生条、无杂质者为上品。

1.2.2　干货原料的属性分类

由于干货原料的数量多，特点各异，其分类的方法也较多。

1. 根据干货原料的性质和特点分类

可分为动物性干货原料和植物性干货原料两大类。

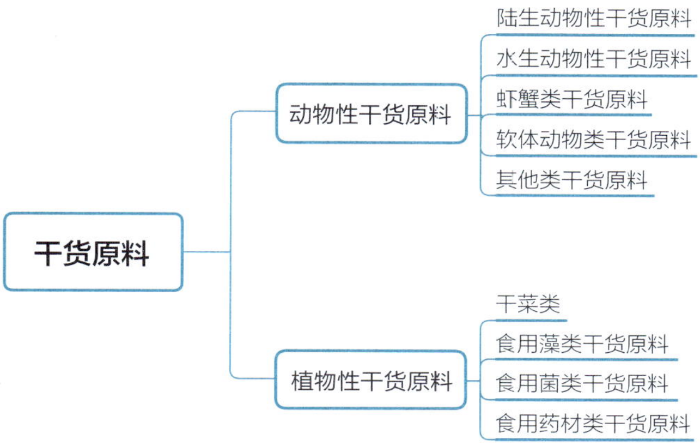

2. 根据原料干燥前预处理方法和干燥方法分类

可分为淡干制品、盐干制品、煮制干制品、焙烘干制品、熏制干制品。

（1）淡干制品　原材料不加处理或个别原料在去除杂物、洗涤等简单加工处理后，直接进行干燥而制成的制品。特点是没有咸味，如鱼肚、鱼骨、墨鱼、海参等。

（2）盐干制品　原料经过简单加工处理后，用盐或其他调料腌渍后干燥而成的制品。特点是有咸味，某些品种带有颜色，如青鱼干、冬菜、梅干菜等。

（3）煮制干制品　原料先煮熟后再干燥而制成的制品。特点是质量较好，储存时间长，食用方便，但复水性差，组织坚韧，风味和生成率不如鲜品，如鱼干、鲍鱼、咸虾干、海米等。

（4）焙烘干制品　原料先煮熟后再利用焙、烘方法来干燥的制品。特点是在煮制的基础上，迅速脱水，如梅雨季节加工笋干。

（5）熏制干制品　原料先经腌渍或煮制处理，后利用熏制来干燥的制品。特点是表面有烟熏色和烟熏味，如湖南腊肉、金华火腿等。

1.2.3　油发加工的概念及原理

1. 油发加工的概念

油发就是将干货原料放入多量的油锅中，经过加热使其膨胀松脆达到涨发要求的方法。此方法主要适合于含胶质丰富、结缔组织多的干料，如蹄筋、鱼肚、干肉皮等。油发后的干货原料还要经过碱液去油、水浸、漂洗等过程。

2. 油发加工的原理

原料中的水分以自由水和结合水两种形式存在，对原料进行干制主要失去的水分是自由水，而通过油的炸发，汽化的主要水分是结合水。

油发是利用油的传热作用，当油温达到200~210℃时，干制原料中的结合水可以被破坏，此时干制原料在油中呈半熔状态，因此，这部分水在汽化的瞬间膨胀形成气室结构，并且由于蛋白质完全失水、丧失凝胶特性而将无数气室固定，使干制原料形成酥脆的质感。干制原料在一般情况下经油发后，质量比涨发前减少10%左右，颜色呈金黄，体态空松、平整、饱满，体壁呈蜂孔状均匀分布。

1.2.4　动物性干制原料的油发方法及技术要求

1. 油发加工的涨发方法

油发过程一般分为4个阶段：一是选择原料；二是低温油焐制；三是高温油膨化；四是浸漂原料。

（1）选择原料　适合油发的干制原料主要是含胶原蛋白丰富的蹄筋、干肉皮、鱼肚等。

（2）低温油焐制　将干制原料置于恒温的多量油中浸泡一段时间的过程，叫油焐制。油焐制的温度与时间视具体原料而定，一般来说，原料薄小较干的应温度略高，时间也短；原料厚大而稍湿的则温度略低，时间较长。

（3）高温油膨化　将油温逐渐提高到120℃左右，原料逐渐由软变硬，开始发生膨化，并慢慢浮到油面。随着油温的继续升高（不超过150℃，可用加凉油的方法控制油温）和时间的延长，膨化越来越明显，直到原料组织从外到里全部膨松即发透。

（4）浸漂原料　原料经炸发后只是半成品，还需经浸漂使其自然吸水而柔软蓬松。原料回软后，还需反复用清水揉洗去除碱味。对炸发后的原料不宜采用80℃以上热水泡发，因为热水会使其塌缩，胶原纤维失去支撑力，从而影响吸水率，降低质量。

2. 油发加工的技术要求

油发干制原料时，一般在凉油或温油时下料，逐渐加热，这样容易发透。若原料下锅时油温太高或在加热过程中火力过急，则会造成外焦而内部尚未发透的现象。特别需要注意的是，应在原料涨发鼓泡时再提高油温，在短时间内使之里外发透。

油发的原料因带有油腻，需要用热碱水浸洗。原料泡至回软后，再用清水将碱液漂洗干净，最后浸泡于清水中备用即可。

技能训练 1　蹄筋的涨发加工

工艺流程： 清洗→晾干→氽炸→沸煮→浸泡。

操作过程：

1）将蹄筋用温碱水洗去表层油脂和污垢，晾干。

2）将蹄筋放入多出3倍量的凉油中，在微火上逐渐加热，边氽炸边用手勺翻搅，使其受热均匀，视蹄筋由大缩小时，将锅端下，氽浸10~15分钟，然后再放在温火上加热，见蹄筋体积逐渐增大鼓起，用手一掰即断，剖面呈蜂窝状时捞出。

3）将炸好的蹄筋放入锅中，注入热水用小火煮沸5~10分钟去掉油分或放入含有一定碱的开水中浸去油分，换水洗净碱，放入清水中浸泡回软。

采用油涨发蹄筋，时间短，涨发率高，一般1千克干料可涨发成湿料6千克左右。

技能训练 2　肉皮的涨发加工

工艺流程： 清洗→晾干→凉油投料→温油浸泡→热油发起→热碱水浸泡回软→漂洗干净。

操作过程：

1）将肉皮洗净污尘，切成小块晾干。

2）肉皮与凉油一起下锅，逐渐加热，视肉皮卷缩时，转小火，余炸一定时间，然后再转中火，用手勺搅动炸至膨胀、平展、鼓起，用手一掰即断，剖面呈孔洞状捞出。

3）肉皮捞出后放入热碱水中，泡出油污，再用温水洗去碱味，用热水焖泡涨大回软即可。

技能训练3　鱼肚的涨发加工

工艺流程： 清洗→晾干→焐油→炸发→热碱水浸泡回软→漂洗干净。

操作过程：

1）将鱼肚用清水洗净，晾干。

2）在锅内加入适量油，放入鱼肚慢慢加热。鱼肚体积逐渐缩小，然后慢慢膨胀。

3）不停地翻动锅内的鱼肚，待鱼肚开始漂起并发出响声时，离火。当油温降低时，再将锅移火上慢慢加温。如此反复2~3次，待鱼肚全部涨发起泡、饱满、松脆时捞出。

4）将炸好的鱼肚放入事先准备好的热碱水中浸泡至回软，然后洗去油脂杂质，用清水漂洗干净，换冷水浸泡备用即可。

复习思考题

1. 烹饪原料品质鉴别的意义是什么？
2. 烹饪原料品质鉴别的基本要求是什么？
3. 感官检验的方法有哪几种？
4. 新鲜肉感官指标包含哪些内容？
5. 家畜类原料清理加工的方法有哪些？
6. 水产品的初加工要求是什么？
7. 干货原料品质鉴定的内容是什么？
8. 优质干猪皮的质量标准是什么？
9. 什么是油发？
10. 油发的技术要点有哪些？

项目 2

原料分档与切配

- 原料分档与切配
  - 原料分割取料
    - 家畜类原料各部位的名称、品质特点、肌肉和骨骼分布知识
    - 鱼的品质特点、肌肉和骨骼分布知识
  - 原料切割成型
    - 剞刀的技术要求及方法
    - 花刀的分类及成型方法
  - 菜肴组配
    - 菜肴组配的造型方法
    - 原料质地、色彩、形态的组配要求
    - 排、扣、贴、藏、挤的概念及相关菜肴的组配方法
    - 技能训练1 猪的分割、取料工艺
    - 技能训练2 牛的分割、取料工艺
    - 技能训练3 羊的分割、取料工艺
    - 技能训练4 鱼类的分割、取料工艺
    - 技能训练5 鲜猪腰剞麦穗花刀
    - 技能训练6 豆腐干剞兰花花刀
    - 技能训练7 麒麟鱼
    - 技能训练8 梅菜扣肉
    - 技能训练9 锅贴里脊
    - 技能训练10 酿青椒
    - 技能训练11 汆鱼脯

2.1 原料分割取料

原料分割取料也称为分档取料，就是对已经宰杀和初步加工的家禽家畜的整个胴体，按照烹调的不同要求，根据其肌肉组织、骨骼的不同部位，不同质量，准确地进行分档切割的方法。分档取料有两方面的意义和作用：

1. 保证烹调质量，突出菜肴的特点

中餐烹调技术中，讲究突出每种菜肴的独特风味和特点，分档取料就是保证其独特风味和特点的重要因素之一。如同是一只猪身体上的肉，必须根据肌肉组织、结构的不同，肥瘦、老嫩的不同，结合不同的菜肴要求，选用猪体上的不同部位，方能显示出菜肴的独特风味。

2. 保证原料的合理使用，做到物尽其用

家畜的特点之一就是体大肉多。肉的品质随部位而异，部位不同特性也不相同。所以要根据其质量的差别，合理地将它们配以各种适宜的烹调方法，才能物尽其用不浪费原料。虽然肉质的部位、特性不同，但都有适合的烹调方法，并且灵活运用就可提高原料的使用价值和保证菜肴的风味特色。所以只有部位取料正确，才能合理使用原料。

2.1.1 家畜类原料各部位的名称、品质特点、肌肉和骨骼分布知识

1. 猪

（1）猪的各部位的名称和品质特点 猪肉约占躯体总重量的80%，由于猪肉所在部位不同，老嫩程度、肥瘦比例、结缔组织的含量不同，食用用途也不相同。猪的部位（图2-1）可分皮肉部位和肌肉部位两大部分。

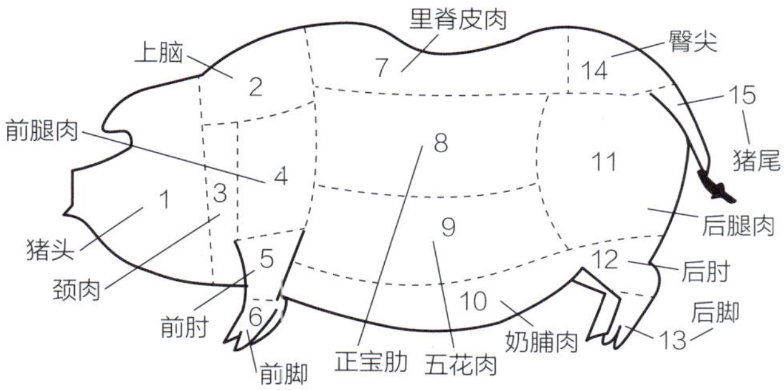

图 2-1 猪的部位

1）猪头。猪头部位包括上下牙颌、耳朵、上下嘴尖、印合、眼眶、核桃肉等。猪头肉皮厚、质老、胶质重。适宜凉拌、卤、腌熏、酱腊等烹调方法。

2）上脑。又称为凤头皮肉。此处肉皮薄，微带脆性，瘦中夹肥，肉质较嫩。适宜卤、蒸、烧、腌熏、酱腊等烹调方法。

3）颈肉。又称为槽头肉。肉质绵老、肥瘦不分。适宜做包子、饺子馅，或用于红烧、粉蒸等烹调方法。

4）前腿肉。这个部位的肉半肥半瘦，肉老筋多，吸水性强。适宜凉拌、卤、烧、腌、酱腊、熟炒等烹调方法。

5）前肘。又称为前蹄髈。这个部位皮厚、筋多、胶质重、瘦肉多。适宜扒、烧、制汤、炖、卤、煨等烹调方法。

6）前脚。又称为前蹄、猪手。这个部位质量比后蹄好，只有皮、筋、骨骼，胶质重。适宜烧、炖、卤、煨、凉拌等烹调方法。

7）里脊皮肉。又称为脊背皮肉。这个部位肉质嫩，肉皮较薄，肥瘦相连。适宜卤、凉拌、腌、酱腊、熟炒等烹调方法。

8）正宝肋。又称为正肋皮条肉、硬肋、硬五花等。这个部位肉嫩皮薄，有肥有瘦，肉质较好。适宜蒸、卤、烧、煨、腌等烹调方法。

9）五花肉。又称为软五花、软肋等。这个部位的肉因一层肥一层瘦，共有5层，所以叫五花肉。其肉质较嫩，肥瘦相间，皮薄。适宜烧、蒸、煨、焖等烹调方法。

10）奶脯肉。又称为下五花肉、拖泥肉、肚皮囊等。这个部位位于猪腹底部，肉质差，肥多瘦少。一般适宜烧、炖等烹调方法。

11）后腿肉。又称为坐臀尖。这个部位肉质紧实、细嫩，有肥有瘦，肥瘦相连，皮薄，质量较好。适宜凉拌、卤、腌、制汤等烹调方法。

12）后肘。又称为后蹄膀。质量较前肘差，其用途与前肘相同。

13）后脚。又称为后蹄。质量较前蹄差，其用途与前蹄相同。

14）臀尖。又称为尾尖。这个部位肉质较嫩，肥多瘦少。适宜凉拌、卤、腌、熟炒、烧等烹调方法。

15）猪尾。这个部位皮多、脂肪少、胶质重，适宜烧、卤、酱、凉拌等烹调方法。

（2）猪的肌肉分布（图2-2） 肌肉组织是构成肉的主要组成部分，在胴体中占50%~60%。肌肉组织是衡量肉的质量的重要因素。肌肉组织通常在动物的臀部、背部较多，而腹部和颈部含量较少。肌肉组织由肌纤维构成，可分为横纹肌、平滑肌、心肌。

横纹肌是附着于骨骼的肌肉，又称为骨骼肌。横纹肌除由丝状的肌纤维集合而成外，还有少量的结缔组织、脂肪组织、腱、血管、神经、淋巴或腺体。平滑肌是肠壁、胃壁等消化道及大血管壁中的肌肉，平滑肌纤维中间有结缔组织。心肌是构成心脏的肌肉，分布在心脏的肌层。

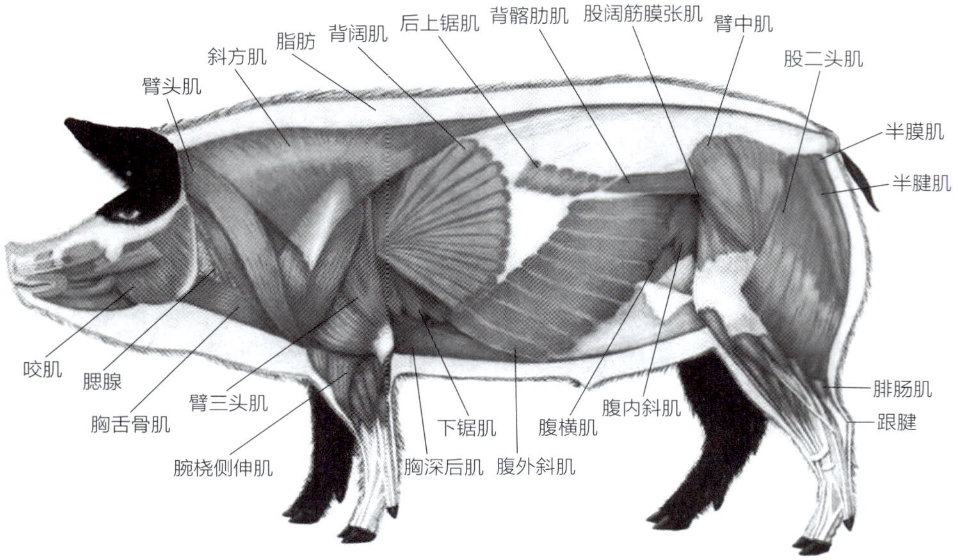

图 2-2　猪的肌肉分布

（3）猪的骨骼分布（图2-3）　骨骼组织包括硬骨、软骨，是动物体的支柱组织。动物的骨骼按部位分成4大部分：躯干骨（包括颈椎、胸椎、腰椎、荐骨、尾椎、胸骨、肋骨）、头骨、前肢骨（包括肩胛骨、肱骨、桡骨、腕骨、掌骨、指骨、肘骨）、后肢骨（包括髋骨、股骨、胫骨、腓骨、跗骨等）。从形态上骨骼可分为长骨（管状骨）、短骨、不规则骨，四肢骨大多为长骨，利用价值较高。

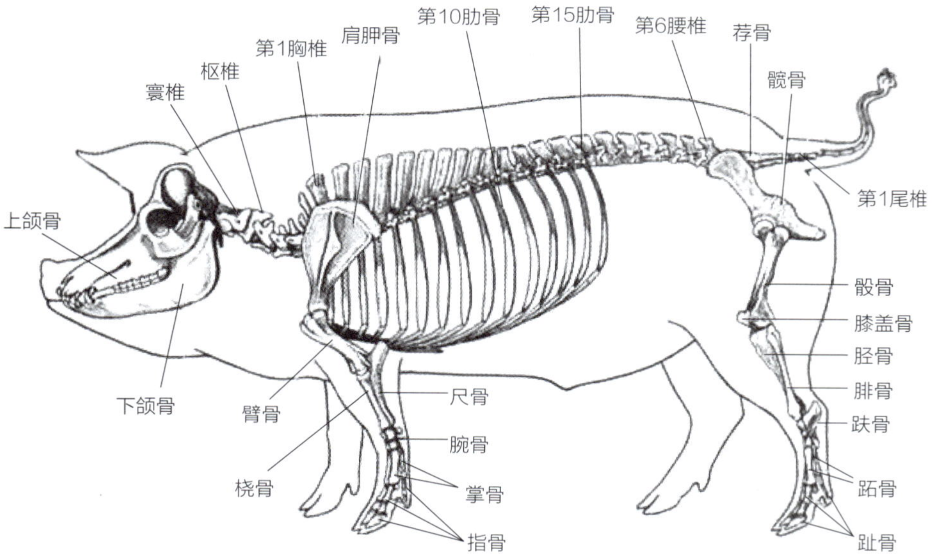

图 2-3　猪的骨骼分布

2. 牛

牛按用途分为肉用牛、乳用牛、役用牛及兼用型等。我国的肉用牛主要是黄牛，其次是牦牛、水牛等。从营养成分看，单位重量内牛肉的蛋白质含量高于猪肉，而脂肪含量较低，是优质蛋白质的良好来源。因此，近年来我国在肉用牛的饲养上取得了很大的进展。

（1）牛的肌肉分布（图2-4） 牛肉的肌肉含水量高，呈红色至暗红色，结实油润，肌纤维长而较粗糙，皮下有少量脂肪沉积，肌纤维间夹有肌间脂肪，切面呈大理石纹状，结缔组织发达，香味浓郁，但有一定的膻味。

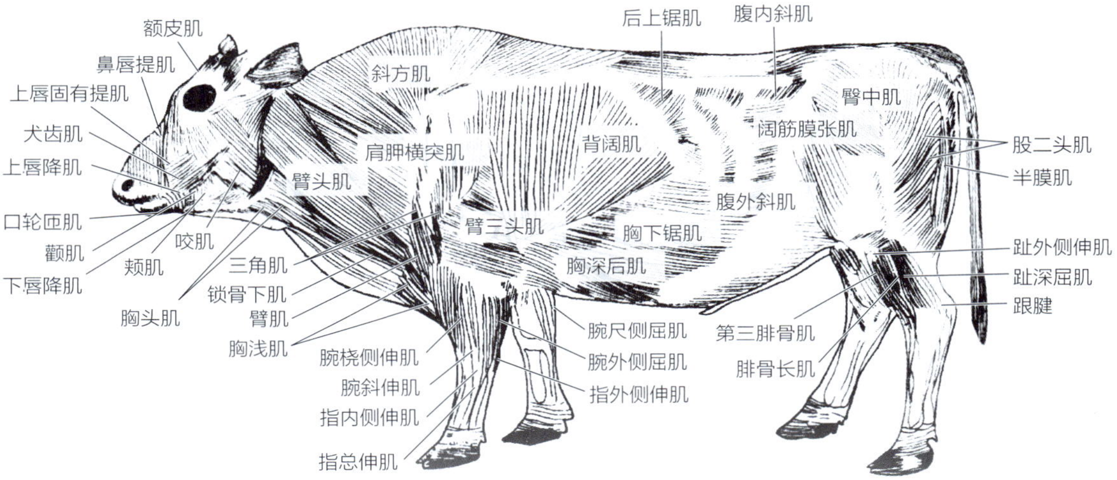

图 2-4 牛的肌肉分布

（2）牛的骨骼分布（图2-5） 牛的全身骨骼包括头骨、躯干骨、四肢骨3部分。

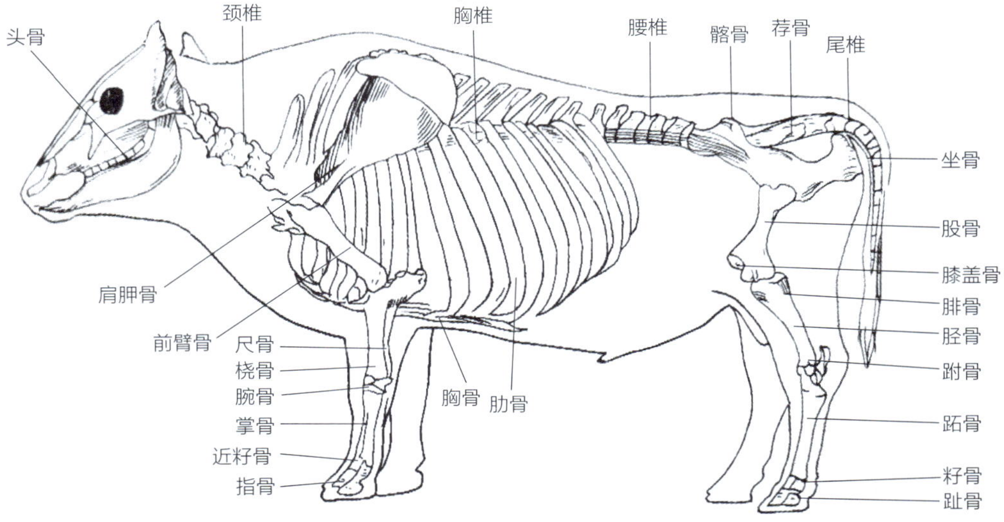

图 2-5 牛的骨骼分布

1）头骨由颅骨和面骨组成，颅骨有：枕骨、顶骨、额骨、颞骨、蝶骨、筛骨和顶间骨。面骨有：鼻骨、上颅骨、颌前骨、泪骨、颧骨、下锁骨、舌骨、上颌、切齿、腭、翼、犁、下颌、鼻甲骨。

2）躯干骨有：椎骨、肋骨和胸骨。

3）四肢骨：前肢骨和后肢骨。前肢骨有：肩胛骨、肱骨、前臂骨（桡骨和尺骨）、腕骨、掌骨、指骨和籽骨。后肢骨有：髋骨（包括髂骨、耻骨和坐骨）、股骨、膝盖骨、小腿骨（胫骨和腓骨）、跗骨、跖骨、趾骨和籽骨。

3. 羊

（1）羊的种类 供食用的羊常为绵羊和山羊两类。绵羊体重可达50千克以上，肉质坚实，颜色暗红，肌纤维细而柔软，肌间脂肪较少，膻腥味淡，质量较好。山羊平均体重为25千克，肉呈暗红色，皮厚，皮下脂肪稀少，腹部脂肪较多，膻腥味重。羊的各部位名称见图2-6。

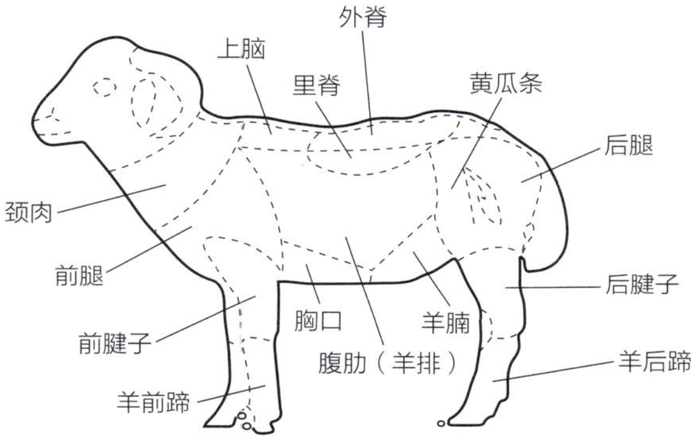

图 2-6　羊的各部位名称

（2）羊的肌肉分布 羊胴体中肌肉组织含量为49%~56%，在组织学上可以分为骨骼肌、心肌和平滑肌。羊胴体中几乎全部是骨骼肌，包括约300块骨骼肌肉。随着育肥时间的延长，肌肉组织的比例会下降，公羊的肌肉组织比例比母羊的高。同一个体不同部位的肌肉组织比例也有差异。

（3）羊的骨骼分布（图2-7） 羊的骨骼系统由骨骼、肌肉和韧带组成，起着支撑和保护内脏器官的作用。羊的骨骼骨密度高，骨骼结构坚固，适应它们常常在崎岖的山地环境中奔跑的需求。羊的骨骼中有许多关节，使它们能够自如地行走、跳跃和攀爬。

羊的骨骼结构包括头骨、脊柱、胸廓、四肢和骨盆等部分。羊的头骨呈三角形，羊的脊柱分为颈椎、胸椎、腰椎、荐骨和尾椎5部分。羊的胸廓由肋骨和胸骨组成，保护内脏器官。羊的前肢有肩胛骨、锁骨、肱骨、尺骨和桡骨等，后肢有髋骨、股骨、膝盖骨、胫骨和腓骨等。羊的四肢末端都有蹄，帮助它们在草地上行走。羊的骨盆由髂骨、坐骨和耻骨组成，连接着脊柱和后肢。

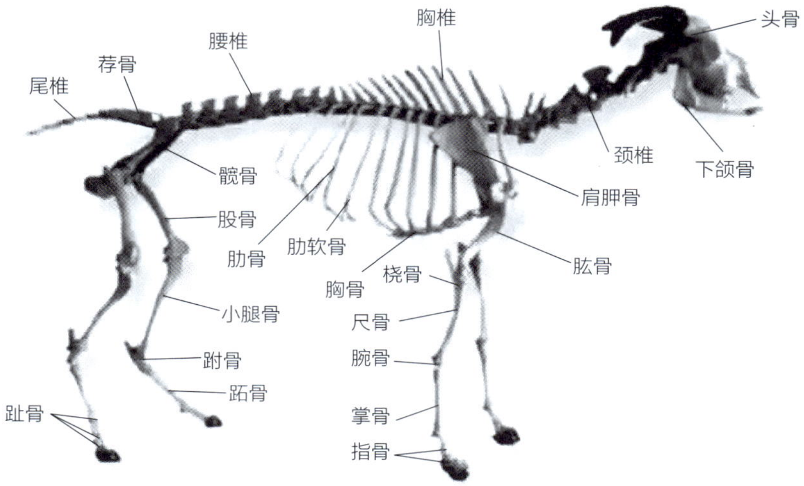

图 2-7　羊的骨骼分布

2.1.2　鱼的品质特点、肌肉和骨骼分布知识

1. 鱼的体形

由于不同鱼类所处的环境条件和生活习性不同，在长期适应环境和自然选择的影响下，形成了各种不同的体形，主要可分为4种基本体形：

（1）纺锤形（流线形）　鱼体头尾稍尖，呈纺锤形。这种体形能减少水的阻力，游泳迅速，便于追逐食物和逃避敌害。这类鱼多栖息于水的中上层，如金枪鱼等。

（2）侧扁形　鱼体左右两侧显得极扁，短而高。这类鱼游泳能力稍弱，多栖息于水中较稳定的中、下层，如鳊鱼、团头鲂等。

（3）平扁形　身体扁平，像盘子一样，方便它们在水的底部平贴行动。这类鱼多栖息于水的底层，行动较为迟缓，如鳐鱼等。

（4）棍棒形（圆筒形）　棍棒形的鱼类体长且细，形如棍棒或圆柱。这类鱼通常潜伏于水底的泥沙中或穿绕岩缝间生活。行动不甚敏捷但善于钻洞藏身，如黄鳝、鳗鲡等。

绝大多数鱼类可纳入上述4种体形，但还有一些由于特殊的生活习性而呈现特殊的体形，如海马、海龙、带鱼等。

2. 鱼的肌肉

鱼的肌肉组织是主要的可食用部分，对称地分布在脊骨的两侧。鱼体的横纹肌（骨骼肌）按部位可分为头部肌肉、躯干部肌肉和鳍基肌肉（图2-8）。

（1）头部肌肉　鱼的头部肌肉较为复杂，主要分布在头部腹面、眼、鳃、咽、颌等部位。大多数鱼的头部不单独用作烹饪原料，但有的鱼头部较大，肌肉发达，可作为菜肴主料。

（2）躯干部肌肉　鱼的躯干部肌肉有体侧肌、背纵肌、腹纵肌等。其中供食用的主要是位于躯干两侧的体侧肌。体侧肌分为上、下两部分，上部分为轴上肌，下部分为轴下肌。

（3）鳍基肌肉　由体侧肌分化而成，如背鳍肌、臀鳍肌、尾鳍肌等，由于鳍基肌肉不是很发达，所以不是食用的主要部位。

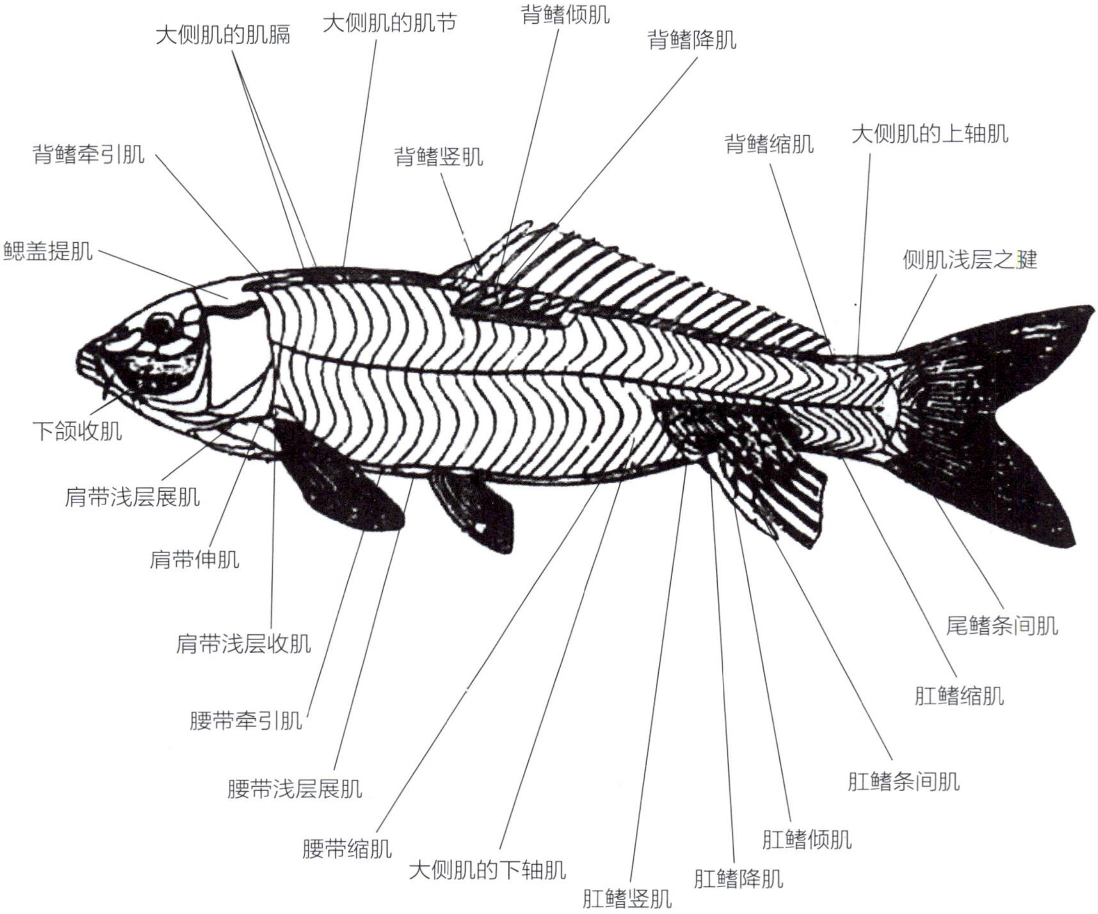

图 2-8　鱼的肌肉分布

3. 鱼的骨骼（图 2-9）

鱼类的骨骼按性质可分为软骨和硬骨两种。软骨有韧性和弹性，主要存在于软骨鱼类中，是低等鱼类的骨骼特征；硬骨存在于硬骨鱼类中。

鱼类的骨骼按部位可分为主轴骨和附肢骨两大类。主轴骨包括颅骨和脊椎骨。附肢骨包括背鳍、尾鳍、臀鳍、肩带骨、腰带骨和支鳍骨。

大多数鱼的骨骼无食用价值，但鲨鱼、鳐鱼等软骨鱼的软骨，以及鳕雪、鳇鱼等的头骨可以加工成烹饪原料鱼骨（明骨）。

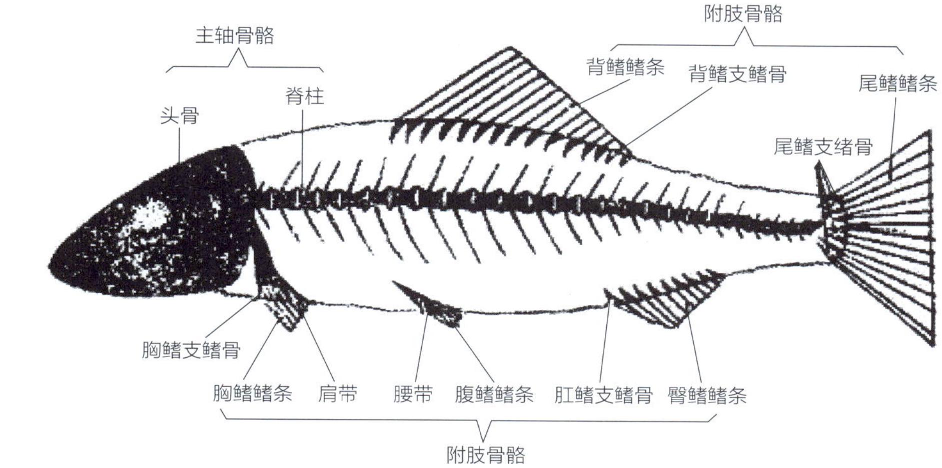

图 2-9 鱼的骨骼分布

2.2 原料切割成型

剞刀法是指刀做垂直、倾斜等不同方向的运动，将原料切或片出横竖交叉、深而不断的花纹的刀法。这种刀法比较复杂，主要是把原料加工成各种形象美观、形态逼真的形状。

2.2.1 剞刀的技术要求及方法

1. 剞花刀的目的

1）缩短成熟时间，利于热量穿透原料，使原料内外成熟、老嫩一致。

2）便于异味的散发，并利于卤汁对原料的包裹。

3）美化菜肴造型，丰富菜肴品种。

2. 剞花刀原料的选择

1）具有剞花的必要。

2）利于剞花刀的实施。

3）突出刀纹的表现力。

3. 剞刀的技术要求

1）剞刀时要持刀稳、下刀准，用力均匀，角度一致，刀距均匀、整齐。

2）运刀的深浅一般为原料厚度的1/2或2/3，少数韧性强的原料可达厚度的3/4。

3）根据原料成型要求不同，多种刀法应结合运用。

4. 剞刀的方法

剞刀法是一种比较复杂的刀法，是在原料表面切或批一些有相当深度而又不断的刀纹，这些刀纹经加热可成各种美观的形状，因此又称为花刀。常用的剞刀法有以下几种：

（1）直刀剞（图2-10） 直刀剞与直刀法中的直切、推切、拉切基本相似，只是运刀时不完全将原料切断，而是根据原料的成型规格在刀进深到一定程度时停刀。

这种刀法适用于各种脆性、软性、韧性原料，如黄瓜、猪腰、鸡肫、鸭肫、墨鱼、青鱼、豆腐干等，可制成多种形态，也可结合其他刀法形成更多美观的形状。

技术要领：左手扶料要稳，运用指法从右前方向左后方移动，保持刀距均匀，控制好进刀深度，做到深浅一致。

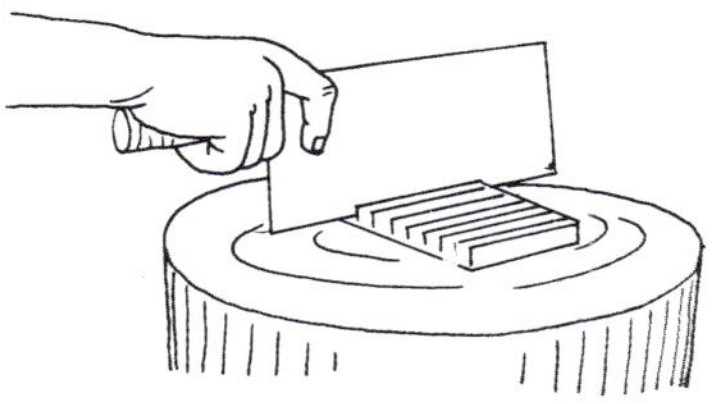

图 2-10 直刀剞

（2）斜刀剞 斜刀剞有斜刀推剞和斜刀拉剞之分。

1）斜刀推剞（图2-11）。斜刀推剞与斜刀法中的反刀批基本相似。这种刀法适用于各种韧性原料、脆性原料，如猪腰、鱿鱼、猪肉、鱼类等，可结合其他刀法加工出麦穗形、蓑衣形等多种美观的形状。

技术要领：刀与墩面的倾斜角度及进刀深度，始终保持一致，刀距要相等。

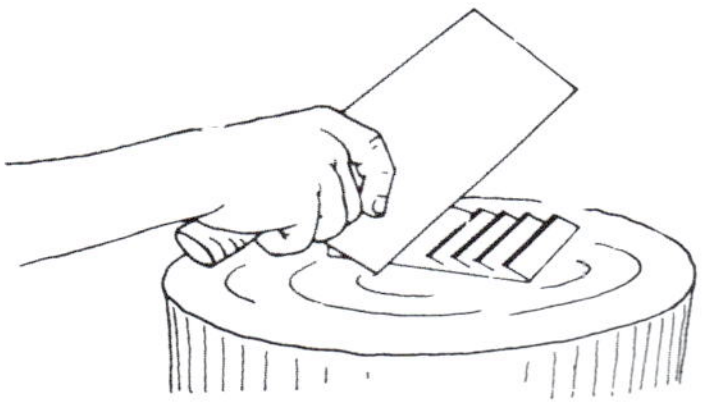

图 2-11 斜刀推剞

2）斜刀拉剞（图2-12）。斜刀拉剞与斜刀法中的斜刀批基本相同。斜刀拉剞可结合其他刀法加工出多种美观形态，如灯笼形、葡萄形、松鼠形、牡丹形等。

（3）混合剞 运用直刀剞法和斜刀剞法在原料表面切割具有一定深度刀纹的方法称为混合剞。混合剞适用于绝大多数的需要剞花的原料。

图 2-12 斜刀拉剞

2.2.2 花刀的分类及成型方法

剞花的形式有平面花纹和立体花纹两大类。平面花纹是指在原料表面划上一定的花纹，经加热后显现出来，也叫作一般剞法。立体花纹是指在原料上切入一定深度的刀纹，经加热后原料会卷曲成各种美丽的花形，有的呈球形，有的呈卷形，有的呈象形物，这种剞法也称花色剞法。

1. 一般剞法

（1）斜一字形花刀（图2-13） 斜一字形花刀的刀纹是运用斜刀或直刀推剞的刀法制成的。操作过程是：在原料两面剞斜向一字形排列的刀纹，刀距一般为1~2厘米。刀纹数量一般视原料成型要求而定。斜一字形花刀适用于体型较长的鱼，如黄瓜鱼、鲤鱼、青鱼、鳜鱼等。加工时要求刀距、刀纹深浅都要均匀一致。鱼背部刀纹要相应深些，腹部刀纹要相应浅些。

图2-13 斜一字形花刀

（2）柳叶形花刀（图2-14） 柳叶形花刀的刀纹是运用斜刀推（或拉）剞的刀法制成的。操作过程是：在原料两面均匀剞上宽窄一致的柳叶形刀纹（类似叶脉的刀纹）。柳叶形花刀适用于鲫鱼、胖头鱼、武昌鱼等。

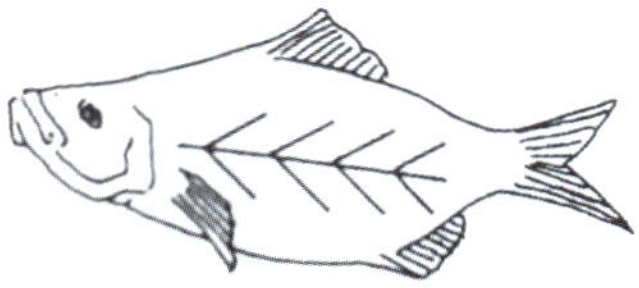

图2-14 柳叶形花刀

（3）十字形花刀（图2-15） 十字形花刀的刀纹是运用直刀推剞的刀法制成的。十字形花刀的形状很多，有十字形、斜双十字形、多十字形等。操作过程是：在原料两面均匀剞上交叉十字形刀纹。鱼体大而长的剞十字形花刀时，刀纹间距可小些；鱼体小的剞十字形花刀时，刀纹间距可大些。十字形花刀适用于鲤鱼、青鱼、鳜鱼等。

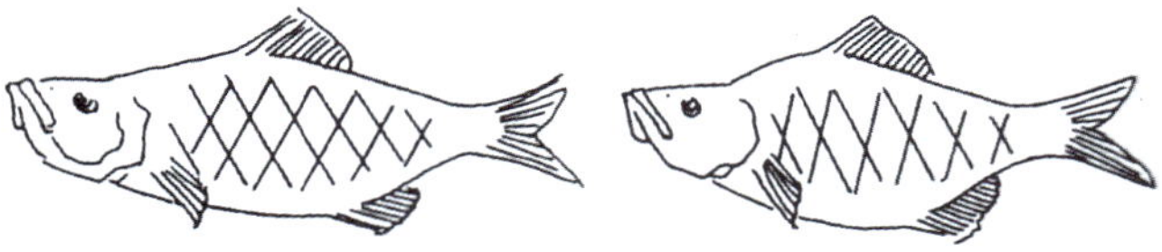

图2-15 十字形花刀

（4）牡丹形花刀（图2-16） 又称为翻刀形花刀，是运用斜刀或直刀剞和平刀剞的方法制作成的。操作过程是：在原料两面每隔3厘米剞上深至鱼骨的刀纹，然后用平刀片出进深为2~2.5厘米的刀纹，将肉片翻起。原料每面翻起7~12刀，经加热即成牡丹花瓣的形态。牡丹形花刀适用于黄花鱼、鲤鱼、青鱼等。加工时要求原料重量约1500克为宜，剞出的鱼肉片每片大小都要一致。两面剞刀次数要相等。

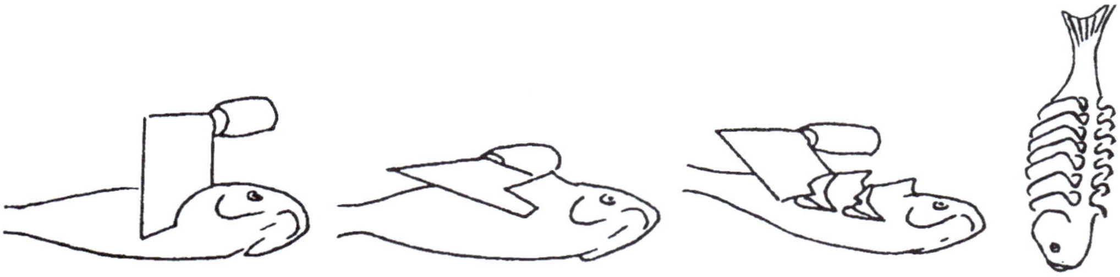

图2-16 牡丹形花刀

（5）渔网形花刀（图2-17） 又称为兰花形花刀，是在原料两面用直刀剞的方法制成的。操作过程是：在原料两面略斜向直剞深约原料厚度的2/3、刀距2~4毫米的平行交叉刀纹，拉开原料两面透孔，呈篮格状。渔网形花刀适用于猪腰、鸡肫、鸭肫、肚尖和豆腐方干、莴笋等原料。加工时选料要新鲜，必须修去硬边，否则剞好后拉不开。

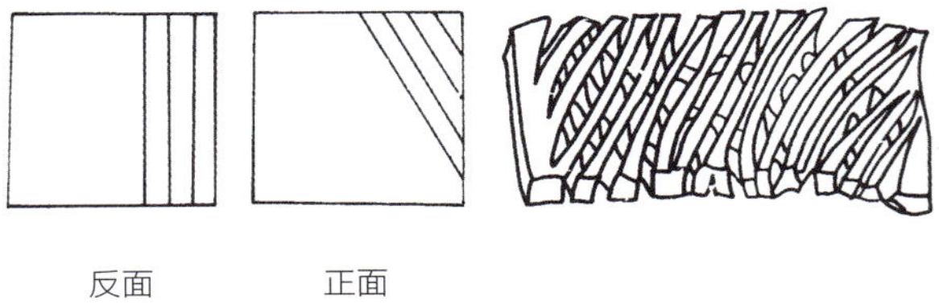

图 2–17 渔网形花刀

2. 花色剞法

（1）麦穗形花刀（图2-18） 麦穗形花刀的刀纹是运用直刀推剞和斜刀推剞的刀法制成的。操作方法以鱿鱼为例：先将鱿鱼的边角修去，再用斜推剞的刀法在鱿鱼的内侧剞上一条条斜纹，刀与原料呈40度角，深度约为原料的9/10，原则上越深越容易卷曲；再将原料旋转90度，用直推剞的刀法剞成一条条深度为原料的9/10的直纹；最后改刀成宽度为2~2.5厘米的长方块，加热后卷曲呈麦穗形。麦穗形花刀适用于猪腰、鱿鱼等原料。加工时要求刀距、进刀深浅、斜刀角度都要均匀一致。

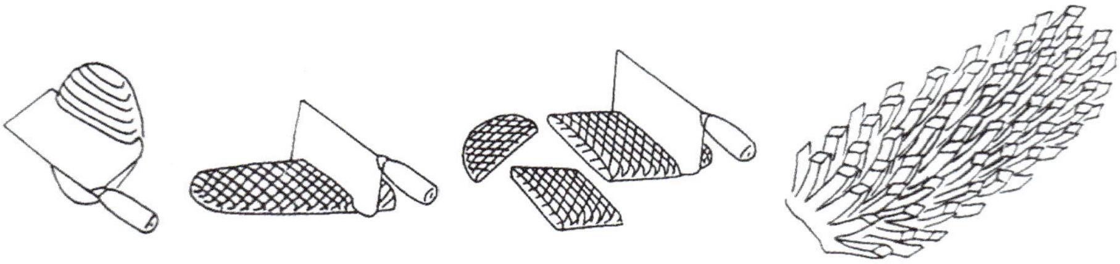

图 2–18 麦穗形花刀

（2）荔枝形花刀（图2-19） 荔枝形花刀的刀纹是运用直刀推剞的刀法制成的。操作方法以墨鱼为例：先将墨鱼边角修去，用直推剞的刀法在墨鱼内侧剞上一条条直刀纹，深度约为原料的9/10，刀与原料呈45度角；再将原料旋转90度，用直推剞的刀法剞成一条条直刀纹，深度约为原料的9/10；最后将原料改为正方块或三角块，加热后原料卷曲呈荔枝状。荔枝形花刀适用于猪腰、鱿鱼、墨鱼等原料。加工时要求刀距、深浅、分块都要均匀一致。

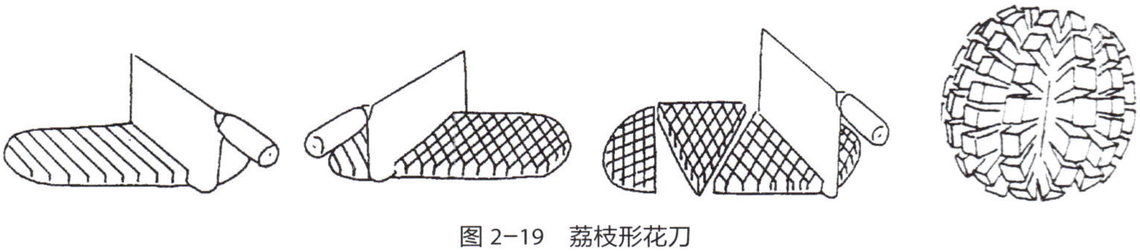

图 2–19 荔枝形花刀

（3）菊花形花刀（图2-20） 菊花形花刀的刀纹是运用直刀剞的刀法制成的。操作方法以草鱼为例：首先选择个体较大的草鱼，将鱼去骨，留两侧肉厚的部位。在鱼肉上剞横竖交错的刀纹，深度约为原料厚度的4/5，两刀相交为90度，鱼皮处相连，上面是鱼丝。再改刀成3厘米见方的正方块，经加热后即卷曲成菊花形态。菊花形花刀适用于鱼肉、鸡肫、鸭肫、里脊肉等。加工时要求刀距、刀纹深浅都要均匀一致，要选择肉质稍厚的原料。

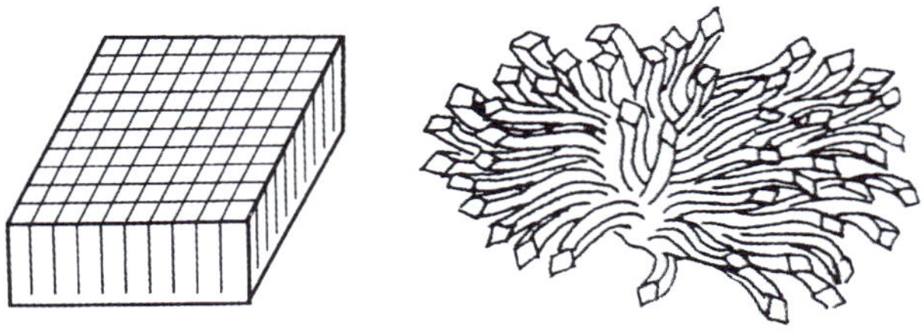

图 2-20 菊花形花刀

（4）松鼠形花刀（图2-21） 松鼠形花刀的刀纹是运用斜刀剞和直刀剞等刀法制成的。操作方法是：先将鱼头去掉，沿脊骨平刀片至尾根部，剁去脊骨，片去胸刺；然后在两扇鱼片上剞上直刀纹，刀距为4~6毫米；再斜剞上刀纹，刀距2~3毫米。注意不能剞破鱼皮，两刀相交构成菱形。经加热后即成松鼠形花刀状。松鼠形花刀适用于黄花鱼、鲤鱼、鳜鱼等体形较长的鱼类。加工时要求刀距、深浅、斜刀角度都要均匀一致，原料应选择净料重量约2000克的为宜。

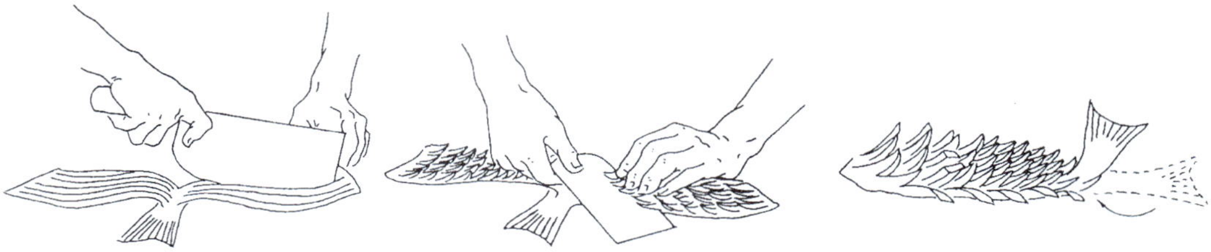

图 2-21 松鼠形花刀

（5）蓑衣形花刀 蓑衣形花刀的刀纹是运用直刀剞和斜刀剞的刀法制成的，主要有两种形式：

第一种蓑衣花刀的操作方法（图2-22）：先在原料一面剞上斜一字刀纹，刀纹深度约为原料厚度的1/2；然后将原料翻面，在原料的另一面剞上直一字刀纹，刀纹深度约为原料厚度的1/2，与斜一字刀纹相交。这种方法适用于黄瓜、冬笋、莴笋、豆腐干等原料。

第二种蓑衣花刀的操作方法（图2-23）：先在原料的一面直刀剞深度为原料厚度4/5的刀纹，再斜刀剞深度为原料厚度4/5的刀纹；然后将原料翻面，在另一面斜刀剞深度为原料厚度4/5的刀纹；最后改刀成长约2厘米、宽约1.5厘米的长方形。这种方法适用于猪肚等原料。

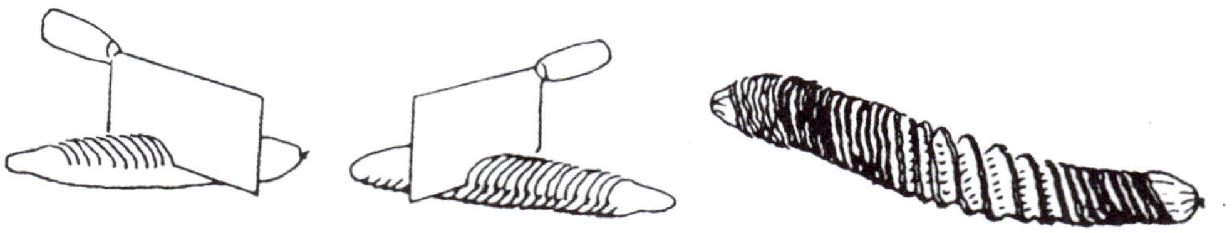

图 2-22　蓑衣形花刀（一）

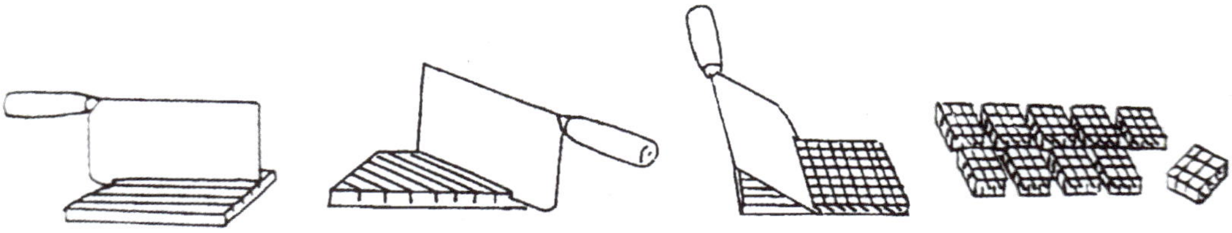

图 2-23　蓑衣形花刀（二）

（6）梳子形花刀（图2-24）　又称为眉毛形花刀。梳子形花刀是将原料用直刀剞和直刀切（或斜刀批）的刀法制作成的。操作方法是：先在原料表面用直刀剞的刀法剞出一条条平行的刀纹，深度为原料的2/3，刀距为0.2~0.3厘米；再将原料平转90度，用直刀法将原料切成片，如原料较薄可用斜刀法批成片。梳子形花刀适用于墨鱼、鱿鱼、猪腰、黄瓜等原料。

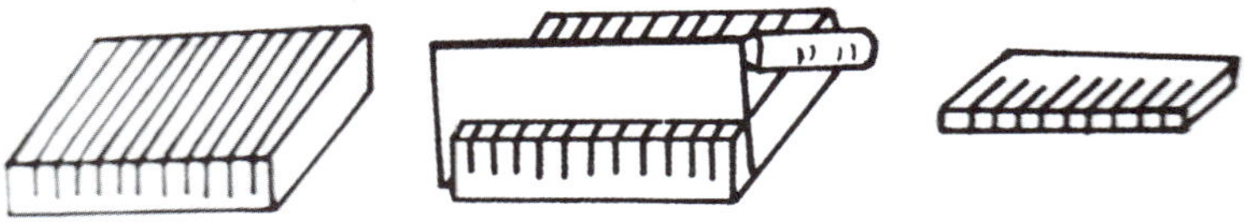

图 2-24　梳子形花刀

（7）锯齿形花刀（图2-25）　锯齿形花刀的刀纹是将原料用斜刀剞和直刀切的方法制作而成的。操作方法：先用斜刀推剞的刀法剞上一条条平行的刀纹，深度为原料的4/5，刀距为0.3厘米；再将原料平转90度，顶着第一排刀纹将原料切断，刀距为0.3厘米，加热后卷曲成锯齿形。锯齿形花刀适用于墨鱼、鱿鱼、猪腰、黄瓜等原料。加工时要求刀距宽窄、刀纹深浅、粗细程度都要均匀一致。

图 2-25　锯齿形花刀

2.3 菜肴组配

1. 菜肴组配的意义

（1）确定菜肴的质和量　各种不同质地的原料是直接影响菜肴质量高低的重要因素。即使同一种原料，部位不同质地也不同。选择什么质地的原料，决定了菜肴的本质特征。所谓量是指组成菜肴的各种原料的数量或它们之间的数量关系，在烹调中原料的数量常以重量或体积来表示。菜肴的质和量是构成菜肴的两个重要方面。一个菜肴的质和量确定之后，这个菜的总体特征便已确定。

（2）确定菜肴的色　自然界中的各种烹调原料，具有各种不同的颜色。菜肴的颜色是评定菜肴质量标准之一，配料必须使一份菜肴颜色搭配合理，色调和谐。

（3）使菜肴的营养素合理搭配　不同的原料具有不同的营养素，其在烹调中发生的变化也各不相同。根据营养素的成分和变化，进行科学的合理的搭配，可使组成的菜肴的营养素更适合人体需要，从而提高了菜肴的营养价值。

（4）使菜肴多样化　我国烹调中所用的原料极为广泛，这是形成菜肴多样化的重要因素。经过组配将不同的原料合理结合，或相同原料取不同的部位，可形成花式繁多的菜肴。

（5）准确进行菜肴成本的核算　配料确定了菜肴的质和量，这样整份菜肴所用的原料及数量便可准确计算出来，它的成本也可以准确计算。

（6）有利于原料的合理使用　各种原料有高、中、低档之分，按菜肴的质量要求，把它们进行合理组配，组成各种档次的菜肴，使各种原料做到物尽其用。

2. 配菜的基本原则

（1）量的组配比例要恰当　每一份菜肴都有量的定额，它通常根据就餐人数和价格及不同规格盛器的容量确定。配菜时，每一份菜肴所用原料的配比必须恰当。菜肴原料的用量比例，大致可分为3种类型。

1）主料、辅料搭配时要突出主料，主料应占单位定额的70%以上。

2）主料是由几种原料构成的，这几种原料的用量基本相等。

3）单一原料，按单位定额配菜。

（2）色泽搭配要鲜艳悦目　烹饪原料在颜色上的搭配上，应做到艳而不俗，素雅而不单调，和谐悦目，给人以美的享受。色的配合方法一般有顺色搭配和异色（花色）搭配两种。

1）顺色搭配。即所配几种原料取同一种颜色或尽可能接近的颜色，如白色配白色，绿色配绿色。经烹调后仍保持原来的颜色，看起来非常清爽、素雅。

2）异色搭配。即把几种不同颜色的原料搭配组合成色彩鲜艳的菜肴。这种配法应用广泛，配色时一般要求主料、辅料的颜色差别要大些，比例要适当，辅料起衬托点缀的作用，使整个菜肴颜色主次分明，浓淡适宜，色调和谐，具有一定的艺术性。目前在中高档菜肴中，即使在色泽配合上采用顺色方法的菜肴，一般也可通过花色的围边或盛器来点缀。

（3）香、味搭配要以长补短 配菜时既要了解原料在未加热和调味前的香和味，又要知道烹调后香和味的变化，按原料特定的香和味进行合理的搭配，以长补短，使制成的菜肴香气扑鼻，鲜美可口。香和味的配合方法大致有3种：

1）以主料的香、味为主，辅料衬托并突出主料的香味。一般以鲜活原料为主料的菜肴可采用这种配合方法，如新鲜鸡、鱼、猪肉、蟹、虾等原料，味鲜香而纯正，配菜时应注意保持其固有的香、味，可不配辅料或适当配一些没有特殊香、味的辅料，以适当衬托主料，突出其鲜香。

2）以辅料的香、味填补主料的不足。有些主料本身香和味不足，可用香味较浓的辅料加以补充，如海参、蹄筋等干货原料，经涨发后本身已没什么香味，就应用一些呈香味的辅料组配，以增加其鲜香。

3）以辅料的清淡适当调和主料过于浓烈或油腻的香味，如含脂肪丰富的动物性原料，应适当配以干菜、青菜等植物性原料一起烹制，味道鲜香，清爽解腻。

（4）形状搭配要协调、美观 原料形状的配合，是配菜的一个重要环节。形的配合应做到辅料适应主料的形状，衬托主料的形状，使主料更加突出。也就是丝配丝、块配块、丁配丁、片配片等。但无论什么形状，辅料都应小于主料，还要做到顺其自然。

（5）质地搭配要和谐 烹饪原料在质地上的配合，除应考虑原料的性质，更重要的是要适应烹调和食用的需要。为了突出菜肴的特点，常将质地相近的原料相配合，即嫩配嫩、软配软、脆配脆。

有些菜肴的主料、辅料的质地并不相同，但通过烹调手段的调节，可使两者和谐适口。

（6）营养成分搭配要科学合理 不同的原料所含的营养成分各不相同，配菜时必须根据原料的营养成分、性能、特点进行合理、科学的搭配，尽可能地使食用者得到必要的、全面的营养，以增进人体健康。

2.3.1 菜肴组配的造型方法

1. 一般菜肴的组配方法

按菜肴中原料的关系，普通菜肴的配菜方法可分为下列3种：

（1）单一原料 单一原料菜肴即是由一种原料所组成的菜肴。它必须选用具有特色的、新鲜的、品质好的原料，注意突出原料的优点，避免其缺点。有些原料如海参、蹄筋等本身缺乏鲜味，作为单一原料构成菜肴，必须与具有鲜香味的原料共烹。

（2）主辅原料　由主料、辅料组配而成的菜肴，一般来说主料多用动物性原料，辅料多用植物性原料，在质和量方面以主料为主，主料起主导作用，辅料在色、香、味、形等方面起衬托和补充作用。

（3）多主料菜肴的配法

1）菜肴中有两种或两种以上的原料，数量大致相等，不分主料、辅料。

2）若组成菜肴的原料体积或口味浓淡相差较大，则配搭时在数量方面作适当调整，使它们在色、香、味、形各方面配合得当。

2. 花式菜肴的组配方法

花式菜肴是指选料讲究、刀工精细、色泽鲜艳悦目、口味鲜美、营养丰富、造型美观、具有一定艺术性的菜肴。组配花式菜肴的要求非常高：选料要精，要有利于造型；形态或构图要美观大方；配制手法要熟练精湛；应适当配以食品雕刻，以突出菜肴的形态美；做到色、香、味、形、质、器的和谐统一。配制花式菜肴的方法很多，主要有以下几种：

（1）运用各种手法配制　花式菜肴可运用卷、包、酿、嵌、夹、穿、叠、扎等多种手法配制花式菜肴。

1）卷。卷是指将经过调味的丝、末、蓉等细小原料，用植物性或动物性原料加工成的各类薄片或整片卷包成各种形状的工艺手法。常用的皮料非常丰富，植物性原料有圆白菜叶、白菜叶、青菜叶、菠菜叶、萝卜、紫菜、海带、豆腐皮、千张、粉皮、笋片等，配制成的菜如圆白菜卷、三丝菜卷、五丝素菜卷、腐皮肉卷等；动物性原料有草鱼、青鱼、鳜鱼、鲤鱼、黑鱼、鲈鱼、三文鱼、鱿鱼、猪网油、猪肉、鸡肉、鸭肉、蛋皮等，配制成的菜如三丝鱼卷、鱼肉卷、三文鱼卷、鱿鱼卷四宝、如意蛋卷等。

2）包。包是指采用无毒纸类、皮张类、叶菜类和泥蓉类等作包裹原料，将加工成块、片、条、丝、丁、粒、蓉、泥的原料腌渍入味后，包成一定形状的造型技法。我国许多名菜的生坯即是用的包制法，如四川的炸骨髓包、包烧鳗鱼，广东的鲜荷叶包鸡、纸包虾仁，北京的荷包里脊，安徽的蛋包虾仁，福建的八宝书包鱼、荷叶八宝饭等。

包裹所用的皮料有可食用的，也有不可食用的。可食用皮料如威化纸（也叫糯米纸，是食品加工中的一种可食用纸）、蛋皮、豆腐皮、猪网油、圆白菜叶、春卷皮、百叶、紫菜等。不可食用皮料如薄纸、无毒玻璃纸、荷叶、粽叶等。另外用猪肉、鸡肉、鸭肉、鱼肉、虾肉切成大薄片，也可作为包料；或者将虾肉、鲜贝、小肉块用木槌敲打成片状（一边捶一边拍上淀粉），也可包入馅料；特殊的菜肴还可用豆腐泥、面团、泥土等包入馅料，如豆腐饺子、黄泥煨鸡等。

3）酿。酿是将调和好的馅料填入另一原料内部，使其内里饱满、外形完整的一种技法。馅料填入后，为防止内部原料渗出，往往采用加盖、扎口、缝口、用淀粉或蛋清糊粘口等方法，如荷包鲫鱼、鸡包鱼翅、糯米酥鸭、八宝鸭的生坯制作；有些原料也可为开放式，如酿豆腐、镜箱豆腐、酿枇杷、酿金枣等。

操作流程主要有3个步骤：第一步是加工酿菜的外壳原料；第二步是调制内里馅料；第三步是酿制填充。

4）嵌。嵌是将平面原料嵌在主料上，或将泥蓉状原料镶在以平面原料为底托的原料上的方法。

主料多为整鱼，底托原料为香菇、面包片、鱼肚、肉类、虾片等，形状多种多样，如长方形、正方形、圆形、鸡心形、梅花形等，镶于表层的原料为片状及胶糊状的动物性原料。一般要用各种原料在蓉泥上贴出五彩缤纷的图案。

5）夹。夹是先将一种原料加工成两片或多片，然后片与片之间夹入另一种原料，使其黏合成一体的方法。夹菜的造型，构思奇巧，在主要原料中夹入不同的原料，使造型和口感发生了奇异的变化，使其增味、增色、增香，产生以奇制胜的艺术效果。

夹制菜所用的原料烹制时间短，便于咀嚼食用，所以必须是脆、嫩、易成熟的原料，以便达到外脆内嫩或鲜嫩爽口的特色。可以切夹刀片的原料有鱼肉、里脊肉、火腿片、鸡肉、藕、茄子等。馅料多为蓉泥状，一般以动物性原料为主，也有用豆腐、香菇、木耳等植物性原料制成的素馅料。

加工的片不要过于厚和粗，片与片的大小要相等，以保证造型的整体效果和达到同步成熟的基本要求。

6）穿。穿是将原料去掉骨头，在出骨的空隙处，用其他原料穿在里面，形成生坯的方法。穿入的原料充当“骨头”，仍保持原来的形状，达到以假乱真的目的，从而提高菜肴的品位。

一般选用小块带骨的原料，或中间有空洞的菜料，如鸡翅、鸭翅、排骨、水面筋、黄瓜环等；穿入的原料形状可用丝，也可用条；穿入后菜料间相互紧密结合，两头或平齐或略出头。另外，可将猪肝顺长刺出空隙，穿入肥肉条或虾肉条，烹熟后顶刀切片，制成凤眼肝。

代表菜肴有象牙排骨、龙穿凤翼、穿心鸭翼、葱心排骨、火腿穿鸡翅、三丝穿鸭翅、银针穿凤衣、翠带虾仁、熘素排骨等。

7）叠。叠是将不同性质的原料，分别加工成相同形状的小片，分数层粘贴在一起，成扁平形状的生坯。下层是片状的整料，多为淡味或咸味的馒头片、猪肥膘片、猪网油、笋片等；中层为主要特色原料，多为火腿片、豆腐片、鸡片、鳝片等，要添加浆、糊作为黏结剂；上层为菜叶和其他点缀物。黏性材料有各种蓉泥、淀粉糊等。三层原料整齐、相间、对称地贴在一起。生坯的形状有圆形、长方形、正方形、菱形等，如锅贴青鱼、锅贴鳝鱼、锅贴火腿、锅贴鸡等菜肴。

8）扎。扎就是将加工成条、段、片状的原料用丝状原料成束成串地捆扎起来，由于成型后似柴把，所以一些菜肴命名为“柴把××”。主料多为混合原料，形状有丝、条、片、小块等，如各种肉片、肉丝、鱼条、笋丝、芹菜丝、火腿丝、香菇丝等。捆扎料常采用绿笋、芹菜、摊蛋皮丝、葱叶、蒜叶、海带、金针菜等，较特殊的也可用棉线、麻线扎制。烹调方法多为蒸、拌、扒、熘等，如柴把鸭掌、柴把鸡、柴把药芹、柴把竹笋、清汤腰带鸡、柴把肚、捆蹄等。

（2）通过围边、花式盛器衬托菜肴　在制作时，适当地配以食品雕刻、围边点缀菜肴，突出菜肴的形态美，是制作花式菜肴的重要手段之一。花式菜肴还可以通过花式盛器来衬托。

（3）通过艺术造型制作花式菜肴　将原料合理排列，拼摆成各种图案，构成各种造型，也是配制花式菜肴的重要方法。

2.3.2 原料质地、色彩、形态的组配要求

1. 质地的组配要求

原料质地组配包括同质组配和不同质组配两种组配形式。同质组配是指将相似质地的原料组配在一起，即软配软、韧配韧、脆配脆、嫩配嫩，如油爆双脆，猪肚头和鸭肫都是软性的肌肉组织，经烹制后，两种原料都具爽脆口感；不同质地组配是指将不同质地的原料组配在一起，不同质地组配要按菜肴要求进行，或将原料先进行成熟处理，或掌握投料的先后次序，如马铃薯烧牛肉，马铃薯是脆性原料，肉是软性原料，组配时应先将肉烹至八成熟，再将马铃薯加入一起烹制，待肉完全成熟后，两种原料的质地达到一致。

2. 色彩的组配要求

色彩是反映菜肴质量的重要方面，菜肴的营养价值、卫生情况、风味特点等都会或多或少地通过菜肴的色彩客观地反映出来，从而对人们的心理产生极大的影响。好的菜肴，色彩柔和，配色绚丽，能增进人们的食欲。

（1）菜肴的色彩分类　菜肴的色彩分为冷色调和暖色调两类。在色彩的7个标准色中，红、橙、黄为暖色，青、蓝、紫为冷色，绿色是中性色彩。在具体的色彩环境中，各种色彩的冷暖是相对的，两种色彩的对比，常常是决定冷暖的主要因素。如紫色在红色环境里为冷色，在绿色环境里又成了暖色；黄色对于青色、蓝色为暖色，而对于红色、橙色又偏冷色。所以，所谓冷、暖都是互为条件，互为依存的。暖色一般与热情、乐观、兴奋相关，冷色则与深沉、宁静、健康相关。

1）白色。白色给人以洁净（或称清爽）、软嫩、清淡之感，如清汤鱼圆、芙蓉银鱼、糟熘三白等。

2）红色。红色给人以热情、激动、美好、肥嫩之感，同时味觉上表现出酸甜、香鲜，如

樱桃肉、北京烤鸭等。

3）黄色。黄色给人以温暖、高贵之感，尤以金黄、深黄最为明显，使人联想到酥脆、香鲜的口感，淡黄、橘黄次之，如吉士虾卷、香炸猪排等。

4）绿色。绿色是生命色，代表明媚、清新、鲜活、自然，给人以脆嫩、清淡之感。绿色原料一般以蔬菜居多，常作为荤菜的点缀围边，使整个菜肴色彩鲜明，减少油腻之感。在绿色中配以浅黄色，会显得格外清爽、明目，如鸡油菜心、金钩芹菜、韭黄炒里脊等。

5）茶色（咖啡色、褐色）。茶色给人以浓郁、芬芳、庄重之感，使菜肴的味感强烈和浓厚，如梁溪脆鳝、红卤香菇、干烧鳊鱼等。

6）黑色。黑色在菜肴中应用较少，给人以味浓、干香、耐人寻味之感，如酥海带、八宝乌米饭、素海参等。但此类菜若加工不当会产生煳苦味的感觉。

7）紫色。紫色虽属于忧郁色，但运用得好，能给人以淡雅、脱俗之感，如紫菜蛋汤、紫菜卷等。

（2）菜肴色彩的组配原则 菜肴的色彩美注重的是本色美，要尽量少用或不用人工合成色素。对菜肴的色彩组配，首先要确定菜肴的色调，即菜肴的主要色彩。在菜肴中通常以主料的色彩为基调，以辅料的色彩为辅色，辅色起衬托、点缀、烘托的作用。菜肴色彩的组配包括顺色组配、异色组配两种形式。

1）顺色组配。顺色组配就是将主料与辅料都配成同一颜色或近似颜色。如红与橙、黄与绿、青与紫，配出来的色彩很协调，习惯叫“顺色”。

2）异色组配。异色组配又称为花色配，这种配料方法，运用最广泛，就是将主料、辅料或几种主料配成不同的颜色，主料与辅料色泽差异大，以辅料突出主料，使之相得益彰，主料、辅料不可相似、相同，以免使主料与辅料难以区分和层次不明。用对比色的方法配出的色彩鲜明生动，这里的对比是指光度明暗悬殊的颜色，像红与绿，黄与紫。如“雪里鸡”用鸡蓉裹鸡片，辅以嫩绿的豌豆尖作陪衬，衬托洁白如雪的鸡蓉；如“双色鱼丸”，用蛋黄和蛋清做出两种不同颜色的鱼丸，借助特制清汤烹制，不仅汤清味鲜，而且色泽优美。

3. 形状的组配要求

菜肴原料形状的组配是指将各种加工好的原料按照一定的形状要求进行组配，组成一个特定形状的菜肴。菜肴原料形状的组配，不仅关系菜肴的外观，而且直接影响菜肴的质量，是配菜的一个重要环节。菜肴形状组配应掌握以下原则：

（1）按加热时间长短组配的原则 菜肴的烹调加热时间有长有短，菜肴原料的形状大小必须适应烹调方法。

1）烹调时间比较短的菜肴，组配的原料形状宜小不宜大，最好选择形状细小的烹饪原料。

2）加热时间较长的菜肴，组配原料形状宜大不宜小，最好选择整形或稍大原料，如整鸡、整鸭、整鱼、整蹄等。

（2）按相似组配的原则　菜肴组配的主料、辅料、点缀料必须和谐、相似相近，有规律可循，具体原则如下：

1）料形必须统一。料形统一是指根据烹调需要确定主料形状，辅料形状与主料形状保持一致，即丁配丁、丝配丝、条配条、片配片、块配块。

2）辅料服从主料。辅料在菜肴中处于从属地位，其形状大小不能超过主料。对于成熟后体积有所变化的原料，在配制时一定要注意对生料体积的把握，使成熟后的形状符合要求。

3）辅料形状尽量近似于主料。辅料的形状应与主料成熟后的形状相似，如果主料成熟后的形状呈菊花状，辅料可切成柳叶片、秋叶片等。

4）注重菜肴整体效果。在菜肴组配时既要考虑菜肴中单一原料的形状，又要考虑菜肴整体的效果。要按照菜肴质量要求，巧妙配料，精致加工，既做到原料与原料之间形状的相得益彰，又做到每种原料形状与菜肴整体造型的和谐。

4. 香味的组配要求

菜肴的香味，主要是指当食物加热和调味后表现出来的嗅觉风味。菜肴香味的组配必须遵循以下原则：

1）主料香味较好，应突出主料的香味。

2）主料的香味不足，应突出辅料的香味。

3）主料香味不理想，可用调料香味掩盖。

4）香味相似的原料应合理搭配。

5. 口味的组配要求

口味是通过人的口腔感觉器官——舌头上的味蕾鉴别的，口味是中国菜肴第一评价标准，是菜肴的灵魂所在。一菜一味，百菜百味。我国各地有不同的风俗习惯和风味特点，各地的口味也有一定的差异，菜肴所配制的口味必须符合当地人的口味，符合大多数人的味觉习性的需要。

菜肴的口味还应符合季节的特点，一般为夏季清淡、冬季浓烈、春秋季适中，因为人的生理变化会随季节的变化而做出相应的调整。

2.3.3　排、扣、贴、藏、挤的概念及相关菜肴的组配方法

排、扣、贴、藏、挤等组配手法也属于花色热菜的组配方法。

1. 排

将菜肴所用原料平行地排放在盘中的手法称为排。排的手法一般适用于蒸菜，代表菜有

麒麟鲈鱼等。

操作要点：运用排的手法制作菜肴时，应使原料排叠的间隔均匀、平整一致、彼此相依。为了防止原料在加热时变形，影响菜肴的美观，要对原料进行刀工处理，应根据不同原料的性质将其加工成不同厚度的条、片等。在菜肴制作中，排和扣的手法有时会同时运用。

2．扣

将菜肴所用原料有规则地摆放在碗内，成熟后覆扣入盛器中，使其具有美丽的图案的手法称为扣。扣碗的原料可以是一种原料，也可以是多种原料，通过扣可以使菜肴表面光滑、整齐、饱满，美观大方。烹调方法多为蒸、扒，如虎皮扣肉、金银扣蹄、鸳鸯扣三丝等。

操作要点：在扣前需在碗内抹上少许白色食用油，以方便原料覆扣入盛器中。烹调之前必须将原料在扣碗中揿实，特别是圆形易滑的原料更应整齐地码实。

3．贴

将菜肴的几种原料分3层粘贴在一起，制成扁平形状生坯的手法称为贴。其基本组配方法是：下层是片状的整料，多为淡味或咸味的馒头片、猪肥膘片、猪网油等原料；中层为特色原料并起粘连作用，以蓉胶、丝片常见，如果是丝片还要添加浆、糊作为黏结剂；上层为菜叶和其他点缀原料。采用贴的手法制作菜肴时，要求3层原料整齐、相间地贴在一起。

4．藏

将一种原料藏入另一种原料的腹腔中，加以密封形成菜肴生坯的手法称为藏。

操作要点：外部的原料常选用鱼类、禽类、肉类等，先将其初加工后脱骨或挖空，洗涤干净；内藏原料多为贵重原料，如鲜贝、海参、鲍鱼等。内藏物填入后，为防止内部原料渗出，往往采用扎口、缝口或使用淀粉、蛋清粘口等方法。

以藏的手法加工的菜肴多采用蒸、炖、炸、焖、烤等烹调方法，代表菜肴有葫芦鸡、羊方藏鱼、叫花鸡、玉蚌藏珠等。

5．挤

用手或工具将蓉胶状原料挤成各种形状的过程称为挤。挤的方法有手挤和工具挤两种。

1）手挤。先将原料加工成便于成型的蓉胶，用一只手抓起蓉胶，五指与手掌用力使蓉胶从弯曲的食指与大拇指之间的虎口挤出，再用另一只手或勺子将其刮成球形、橄榄形、橘瓣形等形状。

2）工具挤。将蓉胶装入裱花袋或注射筒中，用力将其挤成各种线条状坯料即可。

采用挤法的原料其形状需细小，否则易造成菜肴成品外观不光滑。烹调方法多采用汆、炸、蒸、炖等烹调方法，代表菜肴有橘瓣鱼汆、夹火鱼圆、蛟龙戏珠等。

技能训练1　猪的分割、取料工艺

猪的分割与取料，首先进行的是部位分割，然后再进行剔骨加工。

（1）猪的分割部位及要求（图2-26）

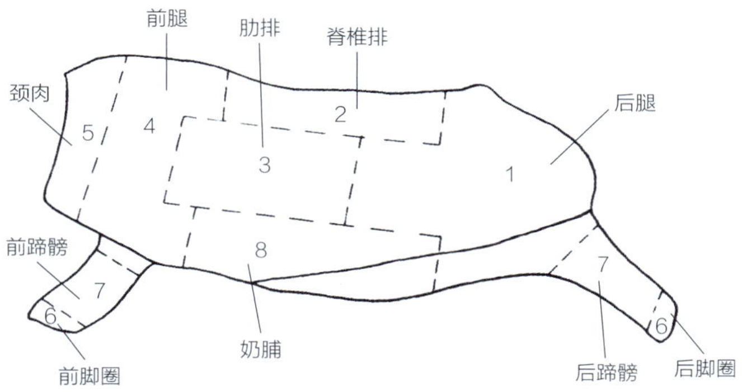

图2-26　猪的分割

1）后腿。猪后腿的分割应自猪的最后一节腰椎与荐椎骨连接处下刀，用刀尖将关节连接处的结缔组织割断，斜刀斩下猪后腿。

2）脊椎排。脊椎排即大排，应在猪脊椎骨下方4~6厘米肋骨处平行斩下。

3）肋排。斩去大排，割去奶脯，带全部夹层肌肉并有肋骨的为肋排，去肋骨的为肋条肉。肋排一般自第4根肋骨起取8根肋排骨，排骨厚度为1.2~1.8厘米，肉厚度为0.7~1厘米。

分割要求：肋排表面片割平整，肉块完整，肉层厚度大致均匀，并去掉软骨。

4）前腿。前腿分割应自猪前部第5~6根肋骨之间直接斩下。注意：分割时不能斩断肋骨，夹心肉为前腿肌肉的重要部分。

5）颈肉。颈肉即颈前肌肉，应自猪颈椎最后一节处直刀斩下。

6）前（后）脚圈。前腿自腕关节处下刀斩下前脚圈，后腿自趾关节处下刀斩下后脚圈。分割脚圈时应沿关节相连处下刀，脚圈长度为5~7厘米。

7）前（后）蹄髈。前腿沿小腿关节处割下，后腿沿膝关节处割下，切割面应整齐美观，表皮应比内肉稍长1厘米。肉需根据蹄髈的肥度来修割，肥蹄髈前端皮下肉可少留些，瘦蹄髈前端皮下肉可多留些。

每只蹄髈的重量应控制在500~600克。蹄髈表面应无伤斑、无红点、无毛、无伤肉，后腿钩洞处破皮部分不超过蹄髈总长度的1/3。

8）奶脯。奶脯即猪的腹部，主要由皮、脂肪和筋膜组成，加工时用刀选择切割即可。

（2）剔骨加工方法

1）前腿剔骨加工。选择前腿内侧中间部位，用刀尖将皮肉划开，划开深度至骨骼，将附在骨骼上的结缔组织割断，先剔出肩胛骨，后剔出前腿骨。注意：在进行前腿剔骨加工时，应在肌肉间的肌膜处及近骨骼处剔开，以保持肌肉的完整。

2）后腿剔骨加工。选择后腿内侧部位，沿中间的骨骼用刀尖将皮肉划开，划开深度至骨骼，将附在骨骼上的结缔组织割断，先剔出髂骨，再剔出后腿骨及其他骨骼。将剔骨后的后腿肉按照股二头肌、臀板肉等进行切割，剔除筋膜即可。

3）躯干剔骨加工。将躯干部分皮朝下平放，依次剔出躯干部分的骨骼。

① 用刀尖将肩胛骨的韧带、筋膜割断，掀起肩胛骨的一端，顺势将肩胛骨剔出。

② 用刀尖将髋骨的韧带、筋膜割断，掀起髋骨的一端，顺势将髋骨剔出。

③ 在颈椎骨或尾骨与肌肉组织的连接处准确下刀，将肉与骨骼分割切开。

④ 掀起脊椎骨，顺势将附在肋骨、胸骨上的筋膜、韧带割断，剔出骨骼。注意：先剔出脊椎骨，再剔肋骨。脊椎骨下面为大排肉，剔出时肌肉的腱膜尽可能保持完整。

将剔骨后的躯干部分的猪肉按照颈肉、夹心肉、里脊肉等进行切割，剔除筋膜脂肪及皮即可。

（3）猪肉部位取料（图2-27）

1）上脑，又称为凤头肌肉。这个部位肉质细嫩、微带脆性、瘦中夹肥。适宜切丁、片、条、末等，可用于炸、炒、熘、爆、汆等烹调方法。

2）里脊肉，又称为里脊、通脊、外脊、里肌、扁担肉等。其肉质最细嫩，色呈浅红，是整只猪部位最好的肉，用途较广。适宜切丁、片、丝，或剁碎做肉丸子等，可用于炒、熘、炸、煸、汆等烹调方法。

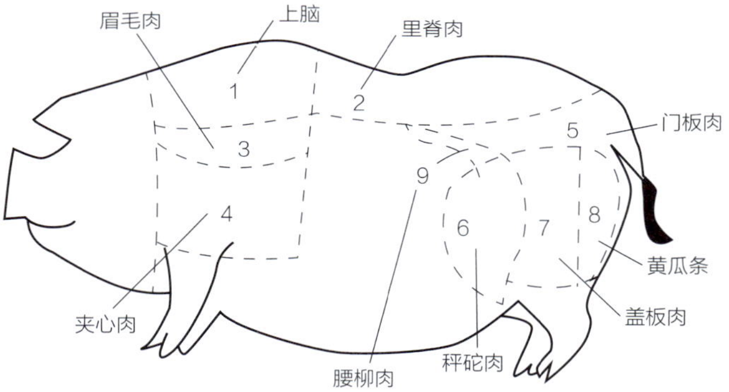

图 2-27　猪肉部位取料

3）眉毛肉，它是猪胛骨上面的一块形如眉毛、重约500克的瘦肉，肉质与里脊肉相似，只是颜色深一些，其用途跟里脊肉相同。

4）夹心肉，又称为夹缝肉、前夹肉。其肉质较老，色较红，筋多，吸水性强。适宜切丁、片、末等，可用于炒、炸、煸、汆等烹调方法。

5）门板肉，又称为梭板肉、无皮后腿肉、无皮坐臀肉等。肥瘦相连，肉质细嫩紧实，色淡红，肌纤维长。其用途跟里脊肉相同。

6）秤砣肉，又称为鹅蛋肉、弹子肉、兔弹肉。其肉质细嫩、筋少、肌纤维短。适宜切丝、丁、片、条、末等，可用于炒、熘、爆、炸、汆等烹调方法。

7）盖板肉，它与秤砣肉相连。肌纤维长，其肉质、用途基本跟秤砣肉相同。

8）黄瓜条，又称为黄瓜肉。它是与盖板肉紧密相连的一块瘦肉，肌纤维长。其肉质、用途基本跟秤砣肉相同。

9）腰柳肉，又称为腰脊、小里脊。它是与秤砣肉连在一起的呈条状的肉条。肉质细嫩，水分较多，有明显的肌纤维。适宜切丁、条、末等，能代替里脊肉，其用途和烹制方法基本和里脊肉相同。

技能训练 2　牛的分割、取料工艺

（1）牛肉的分级

1）一级牛肉。肌肉发育良好，骨骼不外露，皮下脂肪由肩至臀部密集地布满整个肉体。在大腿部有不显著的肌膜露出，肉的横断面脂肪纹明显。

2）二级牛肉。肌肉发育良好，除脊椎骨、坐骨结节部位外，其他部位略有突出现象。皮下脂肪层在肋骨和大腿部位有明显肌膜露出，腰部切面肌肉间可见脂肪纹。

3）三级牛肉。肌肉发育中等，髋骨及坐骨结节略微突出，第八肋骨至臀部布满皮下脂肪，肌膜露出，颈部、肩胛、前肋及后腿部位均有面积不大的脂肪层。

4）四级牛肉。肌肉发育较差，脊椎骨突出，坐骨及髋骨结节明显突出，有皮下脂肪。

（2）牛肉部位分割取料（图2–28）

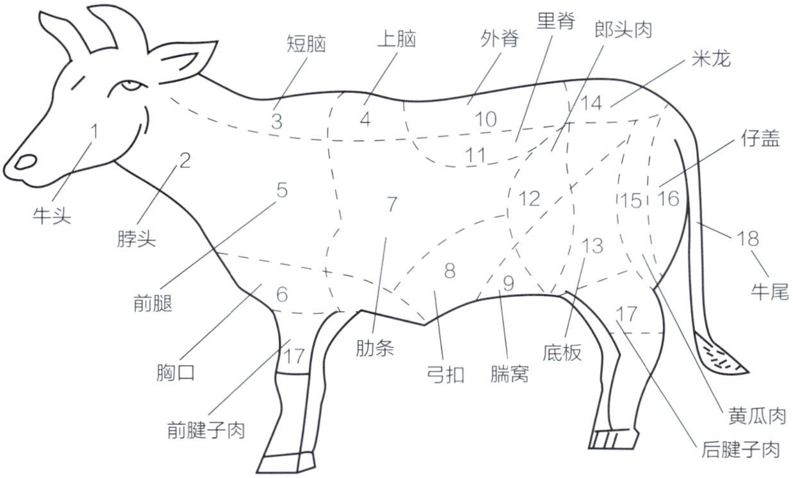

图 2–28　牛的部位分割取料

1）牛头，皮多、骨头多、肉少，有瘦无肥，其中以核桃肉部位最嫩。可用于凉拌、卤、烧、酱等烹调方法。

2）脖头，又称为颈肉、脖肉，瘦肉多，含油少，纤维粗紧，纹理纵横，质量较差，属三级牛肉。适宜卤、煮、酱、炖、烧等烹调方法，因其肉质坚实，吸水性强，出馅率高，所以更适宜做馅。

3）短脑，位于颈脖的上方，其肉质与用途、烹调方法同脖头。

4）上脑，位于牛脊背的前部，靠近后脑，与短脑相连。其肉质肥嫩，为常用的一级嫩牛肉。适宜加工成丁、条、片等，可用于熘、炒、炸、烹、烤、爆等烹调方法。

5）前腿，又称为哈力巴，位于短脑的下部，胸口上部，属三级牛肉。前腿肉较嫩，但肉块不成型，有夹筋，经过精选后可以作为一级牛肉使用，用途同上脑，其余肉质较老的部分，可用于红烧、煮、酱、卤等烹调方法。

6）胸口，又称为胸膈，位于牛的两腿中间部位，其肉质坚实，肥而不腻，脆嫩兼备，为最受欢迎的二级牛肉。适宜加工成片、条等，可用于熘、扒、炒、烧等烹调方法。

7）肋条，又称为腑肋，位于胸口后上方，与前腿相连。肋条是油肉层生，肥瘦相间，属三级牛肉。适宜加工成条、段等，可用于炖、烧、扒、焖等烹调方法。

8）弓扣，又称为腹脯，位于肋条后下方，属于三级牛肉，其肉质筋多肉少，韧性大，弹性强，但煮熟后润滑柔软，是最理想的烧、炖、焖等烹调方法的首选原料。

9）腨窝，位于两后腿中间相夹的肉，属于三级牛肉。其肉质、用途和烹调方法基本同弓扣肉。

10）外脊，又称为脊背，位于牛脊背两外侧的肌肉，是上脑后、米龙前的肌肉，为常用的一级嫩牛肉。其肉质松而肥嫩，肌纤维呈斜长状，适宜加工成丝、丁、条、片等，可用于熘、炒、扒、炸、爆、氽等烹调方法。

11）里脊，又称为牛腰柳肉，为牛肌肉中最嫩的部位，是常用的特级牛肉。适宜加工成条、段等，可用于煎、扒、炸、熘、炒等烹调方法。

12）郎头肉，又称为和尚头、元宝肉、红宝肉，位于底板前方，与里脊相连接，是常用的一级牛肉，其肉质较嫩、肌纤维长短适中。适宜加工成丝、片、丁、条等，可用于炒、烹、扒、炸、煎、爆等烹调方法。

13）底板，又称为里仔盖，位于米龙的下方，与郎头肉和黄瓜肉左右相连，是常用的二级牛肉。上半部肉质坚韧较嫩，可作为一级牛肉，下半部肉质坚韧，纤维紧密。适宜加工成片、丝、条、段、丁等，可用于炸、烹、扒、炒、煎等烹调方法。

14）米龙，又称为三叉，位于牛尾根部，前接外脊，是常用的二级牛肉。其肉质较嫩，表面有肥膘，可作为一级牛肉。适宜加工成丝、丁、片、条等，可用于炸、熘、炒、爆等烹调方法。

15）黄瓜肉，与底板和仔盖左右相连，其肉质、用途和烹调方法基本同底板。

16）仔盖，位于尾巴根部，后腱子肉上面，与黄瓜肉相连，是常用的一级牛肉。其肉质较嫩，肌纤维长，适宜加工成丁、条、片、段等，可用于熘、炸、炒、爆等烹调方法。

17）前（后）腱子肉，腱子肉位于腿部，肉里包筋，筋里藏肉，层次分明。前腱子肉较老，后腱子肉较嫩，属于二级牛肉。可用于卤、酱、煮、凉拌等烹调方法。

18）牛尾，肉质肥美，是煨、炖、汤菜的上乘原料。

技能训练3　羊的分割、取料工艺

（1）羊肉的分级

1）一级羊肉。肌肉发育良好，骨不突出，皮下脂肪密集地布满全身，肩颈部脂肪较薄，臀部脂肪丰满。

2）二级羊肉。肌肉发育良好，骨不突出，肩颈部稍有凸起，皮下脂肪密集地布满肉体，肩部无脂肪。

3）三级羊肉。肌肉发育尚好，只有肩部脊椎骨尖端突出，脊部布满皮下脂肪，腰部及肋部脂肪不多，荐椎骨及股盘处没有脂肪。

4）四级羊肉。肌肉发育欠佳，骨骼显著突出，肉体表面带有不显著薄层脂肪，臀部脂肪较少。

（2）羊肉部位分割取料（图2-29）

1）羊头，皮多肉少，可用于卤、酱、煮、凉拌等烹调方法。

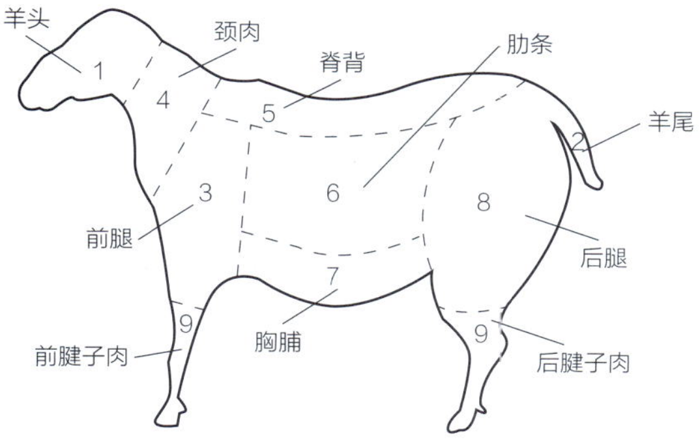

图2-29　羊的部位分割取料

2）羊尾，不同品种的羊的羊尾质量有较大差异，如绵羊尾多油、肥嫩，适宜加工成丝、片等，可用于炒、爆、炸等烹调方法；山羊尾皮多，肥而腻，可用于烧、卤、酱、煨等烹调方法。

3）前腿，又称为哈力巴，在颈部之后，前腱子肉的上部，属于二级羊肉。其肉嫩脆较硬，肥多瘦少，肉中无筋。可用于烧、炖、卤、酱、蒸、煮等烹调方法。

4）颈肉，又称为脖头，颈项一圈的肉，肉质较老，夹有细筋，属三级羊肉。可用于制馅、烧、煮、酱、炖等烹调方法。

5）脊背，包括里脊肉和外脊肉，属于一级羊肉。外脊肉位于脊椎骨两边，肌纤维细且长短适中，用途很广，适宜加工成丝、片、丁等，可用于炸、煎、炒、熘等烹调方法。

6）肋条，又称为方肉、羊肋，位于肋骨部分，方形，无筋，外附一层云膜，肥瘦兼有，肉质较嫩，属于二级羊肉。可用于涮、炒、爆、烧、焖、扒等烹调方法。

7）胸脯，包括胸脯肉和腰窝肉。胸脯肉位于前胸，直通颈下，肉质肥多瘦少，无皮筋，性嫩脆，肉质较好，属于一级羊肉，可用于烤、爆、炒、烧、扒、焖等烹调方法。腰窝肉位于腹部肋骨后近腰处，肌纤维长短纵横不一，肉内夹有三层筋膜，肉质老，质量差，属于三级羊肉，可用于卤、酱、烧、炖等烹调方法。

8）后腿，比前腿肉多而嫩，用途较广，属于一级羊肉。可用于烤、炸、爆、炒等烹调方法。可代替里脊肉使用。

9）前（后）腱子肉，前腱子肉老而脆，肌纤维短，肉中夹筋，属于三级羊肉。可用于卤、酱、烧、炖等烹调方法。后腱子肉的肉质和烹调方法与前腱子相同。

技能训练 4　鱼类的分割、取料工艺

鱼类的分割取料，就是将整鱼的各个部位，根据菜肴的不同要求，合理地进行取料。鱼类一般是按鱼鳍分割的。

（1）梭形鱼的分档取料（图2-30）

1）分档。梭形鱼通常按照鱼头、中段、鱼尾3个部位进行分档加工。

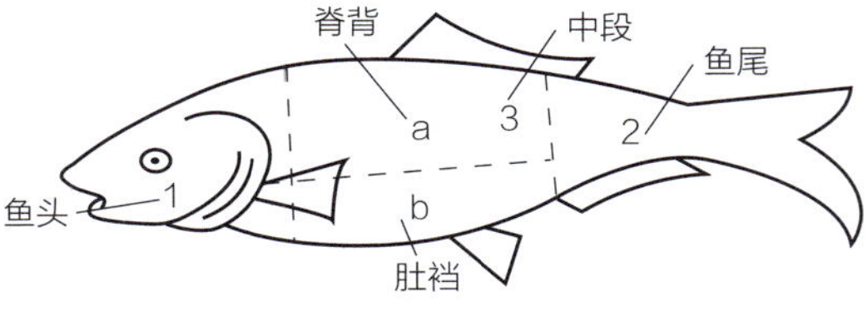

图 2-30　梭形鱼的分档取料

①鱼头。鱼头以胸鳍为界线直刀割下，其骨多肉少、肉质滑嫩，皮层含胶原蛋白丰富，适用于红烧、煮汤等。

②鱼尾。以臀鳍为界线直刀割下。鱼尾皮厚筋多、肉质肥美，尾鳍含丰富的胶原蛋白，适用于红烧，也可与鱼头一起做菜。

③中段。鱼去掉头尾即为中段，中段可分为脊背（a）与肚裆（b）两个部分。

脊背的特点是骨粗肉多，肉的质地适中，适宜加工成丝、丁、条、片、块、蓉等形状，可用于炸、熘、爆、炒等烹调方法，是一条鱼中用途最广泛的部分。

肚裆是鱼中段靠近腹部的部分。肚裆皮厚肉少，脂肪含量丰富，肉质肥美，可用于烧、蒸等烹调方法。

2）剔骨。鱼类原料的剔骨出肉通常以脊背部的肌肉为主，梭形鱼的剔骨主要是去除椎骨、肋骨。

操作要点：将鱼中段脊背朝向自己，从右端椎骨上侧平向进刀，切断脊椎和肋骨的关节，将其剖成软、硬相对的两片，带脊椎骨者称为硬片，不带脊椎骨者称为软片；在硬片一侧用相同的方法取下椎骨，刮下附着在骨上的残存肌肉；再用斜刀法批下肋骨及肋骨下端腹壁，即得净鱼肉。一般来讲，鱼尾不宜拆骨，大者可剖开为软、硬两片。

（2）长形鱼的分档取料　长形鱼一般指鳝鱼、鳗鱼等，以鳝鱼为例，其剔骨方法有生料剔骨和熟料剔骨两种，熟料剔骨又称为划长鱼。

1）生料剔骨。先将鳝鱼宰杀放尽血，放砧板上，用刀从喉部向尾部剖开腹部，除去内脏，用清水洗净鱼体，抹干水；再用刀尖紧贴腹内脊骨剖开一长口；注意：不要将脊背部的鱼皮划破；最后用刀切去椎骨，去头尾即成鳝鱼肉。

2）熟料剔骨。先将鳝鱼氽烫后，背朝向对侧，腹朝向自己，头左尾右，平放于案上。用左手捏住鱼头，右手握住划长鱼刀，从颌下腹侧入刀，中指与无名指护住鱼身，贴着椎骨向尾部移动，划开鱼体。用相同的方法，将带有脊椎骨的脊背一侧划开，接着划出椎骨，并将腹、背两片鳝鱼肉分类放置，去掉腹部内脏。

这种将鱼腹与脊背肉分离的划法称为双背划，鱼腹可制成“煨脐门”，脊背肉可制成“炒软兜”。此外，还有腹背不分的单背划，即划的第一刀仅将其一侧划开，然后再取出椎骨即可。

（3）扁形鱼的分档取料　扁形鱼的剔骨出肉，以鲳鱼、比目鱼等为主，具体方法如下：先将鱼头朝向对侧，腹向左侧平放，顺着鱼的背侧线划一刀直到脊骨，再贴着骨刺批进去，直到腹部边缘，然后将一面鱼肉带皮取下；再将鱼翻过来，用同样的方法，将另一面鱼肉取下；最后，将余刺和皮去掉即可。

技能训练5　鲜猪腰剞麦穗花刀

工艺流程：选料→洗净→剖两半→片腰臊→剞花刀→改刀成长方块。

原料：鲜猪腰1只。

操作过程：

1）猪腰洗净，一剖两半，片去腰臊。

2）逆着原料肌纤维方向斜剞约3/4深度、刀距约2毫米的平行刀纹，再顺肌纤维方向直剞同等深度、刀距的平行刀纹。

3）顺向切成宽度为2~2.5厘米的长方块。剞好的猪腰受热卷曲后呈麦穗形。

操作要领：

1）清洗猪腰时，把表面的膜撕干净。

2）片腰臊时要片干净，保持剖面的完整。

3）剞刀时注意深度。

4）改刀成块时注意方向。

技能训练6　豆腐干剞兰花花刀

工艺流程：选料→修边→两面剞刀→拉开呈篮格状。

原料：厚豆腐干1块。

操作过程：

1）修去四周的硬边，在底板上（反面）直刀剞上一条条与边平行的刀纹，刀距为0.3厘米，深度为原料的2/3。

2）将豆腐干翻过来，在正面仍用直刀剞上与底板刀纹呈35度夹角的刀纹，刀距仍为0.3厘米，深度也是原料的2/3。

3）拉开原料两面透孔，即呈篮格状。

操作要领：

1）用于剞花的豆腐干需用新鲜原料，不可冷冻，否则原料无韧性，易断裂。

2）必须修去硬边，否则剞好后拉不开。

3）也可两面都以15度左右的夹角直刀剞，但两面夹角相加不得超过30度。

技能训练7　麒麟鱼（彩图1）

工艺流程：选料→刀工处理→原料排齐→上笼蒸熟→浇卤汁。

原料：鳜鱼1条（1000克以上），冬笋、火腿、冬菇、盐、味精、葱段、姜片、卤汁、绿色蔬菜各适量。

操作过程：

1）将鳜鱼治净，修成长7厘米、宽2.5厘米、厚0.5厘米的长方片，加入盐、味精、葱段、姜片进行腌渍。

2）将火腿切成长5厘米、宽2.5厘米的片。冬菇修成片，冬笋用汤蒸后修成与火腿相同大小的片。

3）将冬笋片、鳜鱼肉片、火腿片、冬菇片依次在长盘中排成直行，共排3行，每行插入4片姜片。

4）将排放好的原料淋少许油后上笼蒸熟，出锅后浇上卤汁、点缀绿色蔬菜即可。

操作要领：排放顺序为冬笋片、鳜鱼肉片、火腿片、冬菇片，且应一片叠一片，重叠宽度约为原料片宽度的2/3。

成菜特点：色泽鲜艳，刀口整齐，形似麒麟，口感鲜嫩爽口。

技能训练8　梅菜扣肉（彩图2）

工艺流程：选料→焯水→抹料→炸制→刀工处理→腌渍→原料整齐排在碗内→加热成熟→扣入盛器→淋汁。

原料：猪五花肉、梅干菜、葱段、姜片、料酒、盐、水淀粉、胡椒粉各适量，老抽1勺，蜂蜜1勺，蚝油2勺，腐乳1块，白糖1勺。

操作过程：

1）梅干菜反复冲洗2~3次，冲洗干净，用温水浸泡20分钟左右。

2）起锅烧水，猪五花肉冷水下锅，下入葱段、姜片、料酒。大火煮开，撇去浮沫，大火煮5分钟转小火焖5分钟，捞出过凉。

3）盆内放1勺老抽，1勺蜂蜜，搅拌均匀，下入猪五花肉，涂抹均匀。用牙签在皮上戳些孔，皮朝下浸泡5分钟。

4）起锅烧油，油五成热时下入猪五花肉，皮朝下，炸2~3分钟即可。将炸好的猪五花肉浸泡在步骤2煮肉的汤里。

5）另取盆，加2勺蚝油、1块腐乳、1勺白糖、胡椒粉、盐、1勺料酒搅匀成料汁。

6）猪五花肉切成3~4毫米厚的片，放入料汁中腌渍10分钟，然后皮朝下整齐地码放在碗里。

7）炒锅上火，下入梅干菜炒出香味。炒好的梅干菜盖在猪五花肉上面。

8）起锅烧水，将放好猪五花肉片和梅干菜的碗上锅蒸1.5小时。

9）倒出碗内汤汁，将猪五花肉片和梅干菜倒扣在盘内。将汤汁入锅，加少许水淀粉加热至黏稠，浇到扣肉表面即成。

操作要领：

1）梅干菜要清洗干净。

2）煮猪五花肉时间不能过长，以断生刚熟为宜，不能熟烂。

3）炸过的猪五花肉一定要放到煮肉的汤中浸泡，这样肉皮会更加有韧性，有嚼劲。

4）猪五花肉片放入料汁中一定要拌匀，使每一片猪五花肉片都被酱汁包裹。

5）猪五花肉片码碗时一定要皮朝下，排放整齐。

6）蒸制的时间要足够长，蒸至软烂。

成菜特点：造型别致，颜色酱红油亮，汤汁黏稠鲜美，扣肉肥而不腻，食之软烂醇香。

技能训练 9　锅贴里脊（彩图 3）

工艺流程：选料→刀工处理→腌渍→挂糊→叠合成型→加热→淋油。

原料：猪里脊肉、熟肥膘肉、火腿、葱、姜、料酒、味精、盐、鸡蛋清、干淀粉、熟猪油、香油各适量。

操作过程：

1）将猪里脊肉切成长4厘米、宽3厘米、厚0.3厘米的长方片，用刀尖略斩；葱、姜切丝；熟肥膘肉切成与猪里脊肉片一样大小的片；火腿切末。

2）将猪里脊肉片放入碗内，加料酒、味精、盐腌渍20分钟备用。鸡蛋清打散，加入干淀粉调成蛋清糊。

3）熟肥膘肉片用少许蛋清糊拌匀，平铺在盘中，将火腿末均匀撒在上面，猪里脊肉片去掉葱丝、姜丝后，挂蛋清糊，覆盖在火腿末上面成生坯。

4）炒锅烧热，放入熟猪油，将生坯逐片贴在锅中，熟猪肥膘肉片朝下，用小火煎制，边煎边用手勺往生坯上浇热油，视猪里脊肉片呈浅黄色时，滗出余油，淋入香油，摆放在盘中即可。

操作要领：

1）猪里脊肉切成片后要用刀尖略斩，便于入味和成熟。

2）煎制时油量不宜过大。

成菜特点：松软鲜嫩，口味醇厚。

技能训练 10　酿青椒（彩图 4）

工艺流程：选料→刀工处理→一种原料酿入另一种原料腹腔中→密封成型→加热→浇汁。

原料：猪肉、虾仁、青椒、葱、姜、鸡蛋、酱油、盐、味精、香油、料酒、面粉、鲜汤、水淀粉各适量。

操作过程：

1）青椒洗净，顺长切开去子、蒂洗净，开水烫焯一下过凉备用；葱、姜切末；将猪肉、虾仁剁碎，加入葱末、姜末、鸡蛋、酱油、盐、味精、香油、料酒调成馅心。

2）将青椒内部拍薄薄一层面粉，将馅心放入抹平，蒸至断生装入盘内。

3）锅内放鲜汤、味精、盐、料酒、水淀粉炒成米汤汁，浇在青椒上即可。

操作要领：

1）青椒的子要去干净。

2）酿馅前在青椒内部拍一层面粉或淀粉，粘连肉馅。

成菜特点：鲜嫩爽滑，鲜香入味。

技能训练11　氽鱼脯（彩图5）

工艺流程：选料→制泥→制蓉胶→挤制成型→加热成熟→淋油。

原料：净鱼肉、冬笋、油菜心、姜块、味精、盐、熟猪油、蛋清、料酒、香油、清汤各适量。

操作过程：

1）将净鱼肉用刀背砸成鱼泥；将姜块拍松，用温水浸泡制成姜水；将鱼泥放在容器中，加味精、盐、熟猪油、蛋清搅拌调味；冬笋切象眼片；油菜心洗净，用沸水略焯，冷水浸凉取出备用。

2）锅内放清水，烧沸后熄火，用手把鱼泥挤成鱼丸，逐个投入锅中，开火烧沸，待鱼丸浮起熟透取出，放入盆中。

3）另起锅放清汤，放入冬笋片、油菜心，加料酒、盐、味精烧沸后撇去浮沫，将汤倒入鱼丸盆中，淋入香油即可。

操作要领：

1）砸鱼泥时要砸细腻，不可有块状鱼肉。

2）鱼泥中熟猪油不可添加过多。

3）挤鱼丸时做到大小一致。

成菜特点：鱼丸色白，汤清味鲜，别具风味。

复习思考题

1. 组配工艺在整个烹调工艺中有何意义？
2. 组配工艺应遵循的基本原则是什么？
3. 为什么说组配工艺是菜肴创新的重要手段之一？
4. 结合实践讲述鲤鱼的出肉加工。
5. 什么是整料出骨？其对加工制作菜肴有何作用？
6. 剞好松鼠形花刀的关键是什么？
7. 剞花刀时，刀纹的疏密、深浅与烹调方法有何关系？
8. 麦穗形花刀与荔枝形花刀有何区别？
9. 热菜配菜有哪些基本要求？
10. 为什么说配菜是菜肴制作过程中的重要环节？

项目 3

原料预制加工

- 原料预制加工
  - 上浆、挂糊
    - 调浆、制糊的方法及技术要求
    - 挂糊、上浆的作用
  - 调味、调色处理
    - 酸甜味、麻辣味等的调配方法
    - 调料调色的方法
  - 预熟处理
    - 烹制工艺中的热传递方式
    - 预熟处理的方法及要求
    - 汤的种类
    - 基础汤的用料及技术要求
    - 技能训练1 焦熘肉片
    - 技能训练2 软炸鸡柳
    - 技能训练3 糖醋里脊
    - 技能训练4 松鼠鳜鱼
    - 技能训练5 麻婆豆腐
    - 技能训练6 普通清汤
    - 技能训练7 普通白汤（奶汤）

3.1 上浆、挂糊

上浆（又称为抓浆、吃浆）是指在经过刀工处理的主料、辅料中，加入适当的调料和佐料，使主料、辅料由表及里裹上一层薄薄的浆液，经过加热，使制成的菜肴达到滑嫩效果的烹调技法。

挂糊（又称为着衣），是指根据菜肴的质量标准，在经过刀工处理的主料、辅料表面，适当地挂上一层黏性的糊，经过加热，使制成的菜肴达到酥脆、松软效果的烹调技法。

3.1.1 调浆、制糊的方法及技术要求

1. 调浆的方法及技术要求

（1）调浆的方法

1）蛋清浆。先将原料用调料拌腌入味，然后加入鸡蛋清、淀粉拌匀；或者先用鸡蛋清加水淀粉调成蛋清浆，再把用调料腌渍后的原料放入蛋清浆中拌匀即可。

2）全蛋浆。先将原料用调料拌腌入味，然后加入鸡蛋、淀粉拌匀；或者先用鸡蛋加水淀粉调成全蛋浆，再把用调料腌渍后的原料放入全蛋浆中拌匀即可。

3）水粉浆。先将原料用调料拌腌入味，再用水淀粉调匀上浆即可。

（2）调浆的技术要求 要根据原料的质地、烹调的要求及原料是否经过冷冻等因素决定浆的浓度。

质嫩的原料含水较多，吸水力较弱，因此，浆中的水分就应适当减少，浓度可以稠一些；质老的原料本身含水较少，吸水力较强，因此，浆的浓度可以稀一些。

经过冷冻的原料含水较多，浆应当稠一些；上浆后立即烹调的原料，浆也应适当稠一些；上浆后要经过一段时间再烹调的，浆应当稀一些。

2. 制糊的方法及技术要求

（1）制糊的方法 糊的种类较多，下面简要地介绍几种。

1）水粉糊（又称为硬糊、淀粉糊）。先用适量冷水将淀粉瀒开，再加入适量冷水调制成较为浓稠的糊即可。

2）全蛋糊。先将全蛋打散，再加入淀粉（或面粉）搅拌均匀即可，切忌搅拌上劲。

3）蛋清糊。将打散的鸡蛋清中加入干淀粉（或面粉）搅拌均匀即可。

4）蛋黄糊。用干淀粉（或面粉）、鸡蛋黄加适量冷水调制而成。

5）蛋泡糊。将鸡蛋清用打蛋器顺一个方向抽打成泡沫状，拌入干淀粉或面粉，轻搅至均

匀即可。

6）发粉糊。用少量清水将面粉澥开，加入足量清水，放入发酵粉、盐调制均匀，再拌入其他调料，静置20分钟即可。

7）脆皮糊。脆皮糊常用的有如下两种：

①使用老酵面制作脆皮糊。老酵面加水澥开，放入面粉、淀粉和适量盐搅拌均匀，静置3~4小时（视温度而定），使粉糊发酵，以粉糊中产生小气泡且带酸味为准。临使用前20分钟放入碱面水，加入油脂搅匀即可。

②使用干酵母制作脆皮糊。干酵母用少许水稀释后，再加水、面粉、淀粉调成稀糊，静置25分钟左右发酵，待糊发起后加油脂搅匀即可。

8）拍粉拖蛋糊。在腌渍后的原料表面先拍一层干淀粉或面粉，然后再放入全蛋液中粘裹均匀即可。

（2）制糊的技术要求

1）要灵活掌握各种糊的浓稠度。在制糊时，要根据烹饪原料的质地，烹调的要求及主料、辅料是否进过冷冻处理等因素决定糊的浓稠度。

2）恰当掌握各种糊的调制方法。在制糊时，必须遵循先慢后快、先轻后重的原则。

3）根据主料、辅料的质地和菜肴的要求选用适当的糊液。

3.1.2 挂糊、上浆的作用

1. 挂糊的作用

挂糊后的原料多用于煎、炸等烹调方法，所挂的糊液对菜肴的色、香、味、形、质、营养各方面都有很大影响，其作用主要有：

（1）可保持原料中的水分和鲜味并使菜肴获得外焦酥、里鲜嫩的质感 烹饪原料挂糊后多采用高温干热处理，糊层大量脱水，不仅形成一层香脆的外壳，而且主料、辅料内部所含的水分及鲜味也得到了保持。

（2）可保持原料的形态 糊加热后可形成一定的固体层结构，可保持主料、辅料的形态完整，并使之表面光润、形态饱满（尤其是易碎原料）。

（3）可保持和增加菜肴的营养成分 挂糊后的原料不直接接触高温油脂，能防止或减少所含各种营养成分的流失。不仅如此，糊液本身就是由营养丰富的淀粉、蛋白质等组成的，因此也能够增加菜肴的营养价值。

（4）使菜肴呈现悦目的色泽 在高温油锅中，主料、辅料表面的糊液所含的糖类、蛋白质等可以发生焦糖化作用，形成悦目的浅黄、金黄、褐红色等。

（5）使菜肴产生诱人的香气 原料挂糊后再烹制，不但能保持原料本身的香味，而且糊液在高温下发生理化反应，也可以形成良好的气味。

2. 上浆的作用

上浆后，原料表面的浆液受热凝固后形成保护层，对原料有保护作用，主要体现在如下几方面：

（1）保持原料的嫩度　原料上浆后持水性增强，受热后表面会形成保护层，可有效防止原料内所含水分的大量流失，从而保持原料成菜后具有滑嫩或脆嫩的质感。

（2）美化原料的形态　原料上浆所形成的保护层有利于保持原料中的水分和防止结缔组织收缩，使主料、辅料成菜后具有光润、亮洁、饱满、舒展的美丽形态。

（3）保持和增加菜肴的营养成分　上浆时原料表面形成的保护层，可以有效防止原料中的营养成分遭受严重破坏和大量流失，起到保持营养成分的作用。不仅如此，上浆用料是由营养丰富的淀粉、蛋白质组成的，可以增加菜肴的营养价值。

（4）保持菜肴的鲜美滋味　烹饪原料经上浆处理后，不再直接接触高温，热油也不易浸入主料、辅料的内部，主料、辅料内部的水分和鲜味不易外溢，从而保持菜肴的鲜美滋味。

3.2　调味、调色处理

1. 调味

调味就是调和滋味，是通过各种调料的组合运用来影响原料，使菜肴具有多种复合味的一种操作技术。严格地说，调味就是把组成菜肴的主料、辅料与多种调料恰当配合，在不同温度条件下，使其互相影响，经过一系列复杂的理化变化，去其异味，增加美味，形成各种不同风味菜肴的工艺。

（1）调味程序　调味的过程按菜肴的制作工序可划分为3个阶段，即烹调前调味、烹调中调味和烹调后调味。

1）烹调前调味。原料烹调前的调味属于基本调味，是指原料在正式加热前，采用腌渍等方法进行调味，此阶段调味可以使烹饪原料在正式烹调前就具有基本的味型（也称为底味、底口），同时可减少某些原料的腥膻味，改善烹饪原料的气味、色泽、质地及持水性。一般适用于炸、煎、烧、炒、熘、爆等烹调方法制作的菜肴。由于制作菜肴的品种、标准要求及原料质地、原料形状的差异，在调味时应恰当投放调料，并根据原料的质地合理安排腌渍时间。

2）烹调中调味。烹调中调味属于定型调味，是指原料在加热过程中，根据菜肴的要求在适当的时机将调料加入锅中，对原料进行调味。其目的主要是使所用的各种原料（主料、辅料、调料）的味道融合在一起，并且相互配合、协调一致，从而确定菜肴的味型。一般适用于烧、蒸、煮等烹调方法制作的菜肴。由于原料加热中的调味是定型调味，是基本调味的继续，对菜肴成品的味型起着决定性作用。所以调味时应注意调味的时机，把握好调料的量。

3）烹调后调味。烹调后的调味属于补充调味，又称为辅助调味，是指原料加热结束后，根据菜肴的需求，在菜肴出锅后，采用裹浇、随味碟等方法进行补充调味。其目的是补充前两个阶段调味的不足，使菜肴成品的滋味更佳。一般适用于炸、熘、烤、涮等烹调方法制作的菜肴，调味时应根据菜肴成品的要求，选用调料做必要的补充调味。

（2）调料种类

1）盐。盐被称为“百味之首”。没有盐，一切美食都会变得索然无味。做菜时盐的使用时机因烹调方法不同而有所差异。有些菜需要在烹调前放盐，如炒脆黄瓜，要提前加盐，利用盐的高渗性使黄瓜脱水，腌渍后烹调，可使黄瓜脆爽。而水分较大的原料需要在出锅前加盐，因为加盐过早会使原料过度脱水，色和味都会受影响。肉类炖菜时，在七八分熟时加盐正合适。如果加得早，盐的“脱水”作用会促进蛋白质凝固，肉质发柴；加晚了，菜肴则不易入味，影响口味。

2）酱油。酱油能够增加一道菜的香味，而且能让一道菜变得更好看，让人食欲大增。酱油的成分比较复杂，含有多种氨基酸、糖类、有机酸、色素等，高温久煮会破坏酱油的营养成分，并失去鲜味。因此，酱油的使用时机应在菜肴即将出锅前，避免过多破坏氨基酸，造成营养成分流失，而且高温也会使酱油中的糖分焦化变酸，失去鲜味。因此，酱油不宜放得太早。炒肉片时，为了使肉鲜嫩，可将肉片先用淀粉和酱油搅拌一下再炒，这样不会使肉的蛋白质变性，炒出来的肉片也更嫩滑。

3）醋。醋可以调和百味，使各种香料融合，让食材有合适的口感。它不仅能祛膻、除腥、解腻、增香，软化蔬菜纤维，还能避免高温对原料中维生素的破坏。做菜放醋的最佳时间应在“两头”，有些菜肴，如炒豆芽，原料入锅后马上加醋，既可保护原料中的维生素，同时又能软化蔬菜中的纤维。而有些菜肴，如糖醋排骨、葱爆羊肉，原料入锅后先加一次醋，可祛膻、除腥；因为食醋的沸点比较低，通常只有37℃左右，因此在菜肴加工过程中容易挥发，要想保留它的本味，在临出锅前再加一次醋，起到解腻、增香、提味的作用。绿叶菜就不适合加醋，因为绿叶菜中的叶绿素遇醋加热之后会发生化学反应，青菜会变黄，营养价值大大降低。

4）味精。味精的主要成分是谷氨酸钠。谷氨酸钠的味道很特别，使用极少的量就可使食物增鲜。味精的溶解温度是70~90℃，所以说，要在关火之后，菜或汤起锅之前再加入味精。超过120℃，味精中会产生焦谷氨酸钠，这种物质不会提鲜。并不是所有的菜肴都需要加入味精，肉类、鸡蛋与盐结合会产生谷氨酸钠，不必加味精；而香菇天生有鲜味，海带等海产品也有谷氨酸钠，也不用加味精；凉拌菜无需加味精，因为未溶解的味精味道并不鲜美，反而会有苦涩的味道。

（3）调味的三要素

1）调味料是调味的主要条件。在菜肴的主料、辅料、调料三大结构中，调味的主要物质条件就是调料，只有将调料与主料、辅料用调味的手段有机地结合，才能达到调味的目的。

2）调味的方法与方式是调味的手段。要想达到调味的预想目的，除了物质条件以外，另一个重要因素就是手段，即调味的方法与方式。按调料投放时机划分，有加热前调味、加热中调味和加热后调味3大调味方法；按调味料投放的方式划分，有合成式、递增式和复合式三种调味方式；从理化角度分析，有对流调味、扩散调味、渗透调味和化学分解调味等类型。

3）味型是调味的目的。味型就是味道的类型，是菜点所要达到的基本标准，是制作菜点调理滋味的重要目的，是食者的需求标准之一。

（4）味的相互转化　人的味蕾由于接触原料呈味成分的先后次序不同，以及原料成分的比例不同，味蕾受到的刺激也就不同，形成了人们味觉上的互变转化现象。

1）相互抵消现象。两种以上的味，按一定比例和浓度混合起来，就会感觉不到原先每个味的滋味，而是一种新的滋味。如：甜+酸=酸甜，咸+鲜=鲜咸。

水果之所以有甜、酸甜、微酸和酸之分，取决于水果中的糖酸比值。利用这一味觉变化的特点，可配制一些复合美味，还可弥补烹调中出现的一些问题，如菜太咸、太酸、太苦等，可多用些糖来矫正。

2）相互对比现象。两种滋味混合起来，其中一种滋味比另一种滋味的比例、浓度大，这种味不但不会被抵消，反而更突出了。如在浓度为10%、25%、50%的糖水中分别加入0.24%、0.6%、1.5%的盐，在味觉上更显甜味。运用这个变化，糖醋菜肴里稍放一些酱油或盐，制甜馅时放一点盐，其味道更醇厚。

3）相互转换现象。人尝了一种滋味后，再尝另一种滋味，往往感觉后来的味并不是原有的滋味，而变为另一种滋味了，这就叫味的相互转换或变味。一般有3种形式。

①简单转换。比如吃完咸的食物后，再喝水，感觉到味甜；喝了鲜汤再吃橘子则觉得味苦；吃甜味后，喝酒也会感到味苦。

②习惯性转换。口味重的人，吃口味淡的菜肴，往往觉得没有味道，但一直吃也就习惯了，这是味觉的一种适应，也称为习惯性转换。

③复杂转换。人们吃了一种食物后，再吃另一种食物，后一种食物就感觉不是本味，这是连续食用两种不同化学呈味成分，食物先后刺激味蕾形成的综合感觉。根据这个转换原理，在配菜和宴席设计中，可最大限度地利用其优点，避免其缺点。

4）味的相乘现象。两种以上特定呈味成分相加一起，其滋味具有成倍增长的感觉。如东北菜小鸡炖蘑菇，吃起来格外鲜美，这是因为鸡肉中含谷氨酸，蘑菇含乌苷酸，两者混合再加上一定量的盐，提鲜效果成倍增加。

（5）调味的基本原则　准确、适当地掌握各种调味方法，是烹调技术的基本要求。因为各种烹饪原料的性质、形态、质地、滋味都不一样；各地方口味的要求又有区别；即使同一类的烹调方法，在具体操作上也各有差异，因而在掌握菜肴的调味方法、口味区别、调料的量和加放的时机上都需要准确、恰当。一般来说，调味的基本原则如下：

1）根据进餐者口味相应调味。烹调一份菜肴，首先要根据进餐者口味确定其适宜的调味方法，处理好复合味中主次和比例关系，及投放调料的先后次序。

2）按照烹调技术要求，准确调味。厨师在长期烹调实践中，总结了不少颇具风味特色的复合味型，如鱼香、糖醋等味型，要根据味型需要，准确调味。

3）掌握调料的特性，适当调味。每一种调料都有其自身的特性。如郫县豆瓣具有香鲜醇厚、味辣不燥、豆瓣酥软、酱体油润、色泽红亮等特性，是川菜常用的调料。通常将豆瓣剁细成酱，可做家常豆腐或麻婆豆腐等。如果用于红烧鲢鱼，则不必剁细，与葱、姜一起使用可去腥提味。

4）根据原料的性质准确调味。烹调中，对不同性质的原料要因料调整，才符合调味的要求，如鸡、鸭、鱼、肉及新鲜蔬菜，本身具有鲜美的味道，在烹调时就要保其鲜味，口味不宜过重，如果太甜、太咸、太酸、太辣等，则会将鲜味掩盖，反而失去食材本身的鲜美味道。如果烹调牛肉、羊肉、鱼类、内脏等原料时，就要酌情多加一些能除腥除臊等的调料，如葱、姜一类。如果烹制本身无鲜味的海参、燕窝等原料时，必须与鸡或口蘑等合烹，用以弥补其滋味的不足，使其鲜味倍增。只有因料调整，才能发挥原料固有的特性，达到正确烹调菜肴的目的。

5）要适合各地不同的口味，相宜调味。由于我国疆域辽阔，气候、物产和饮食习惯不同，各省区人都有其独特的口味要求，如山西、陕西多喜酸；湖南、四川、贵州等地多喜香辣；江苏、浙江等地则多喜甜与清鲜；而河北、山东、东北各地又多喜咸与辛辣。这也是构成地方菜肴特色的主要原因。为此，调味时就要根据不同的口味要求，相宜调味，才能达到调味的最佳效果。

6）要结合季节的变化，因时调味。人们的口味常常随着季节的变化、气候的冷暖而有不同的要求。一般热天喜食清淡鲜美的菜肴，冬天则喜食浓香肥美的菜肴；甚至在一天早、午、晚三餐中对味的需要都有差别。因此在调味时，需结合季节气候的变化，因时制宜地合理调味。

此外，还可视进餐者的年龄、职业等不同，因人而异地合理调味。

2. 调色

调色即运用各类有色调料和调配手法，调配菜肴色彩，增加菜肴光泽，使菜肴色泽美观的过程。调色是调制技术之一，与调味和调香并存，有其特有的技术要求和操作方式。色泽是反映菜肴感官质量的一个重要方面。良好的色泽能激起人的食欲，色泽是组成菜肴艺术的一个重要因素。

（1）调色的方法　调色工艺常用的方法有保色法、变色法、兑色法和润色法4种。

1）保色法。保色法是利用调色手段来保持或突出原料本色的调色方法。此方法多用于颜色纯正鲜亮的原料的调色，如蔬菜、水果、红色鲜肉等。

①蔬菜、水果原料的保色。蔬菜的绿色由其所含的叶绿素引起。叶绿素与类胡萝卜素等色素共存，在加热、加酸或在光和氧的作用下，叶绿素呈现的绿色极易消退，从而使类胡萝卜素的颜色显现出来，蔬菜由绿变黄，呈现枯败之色。保护蔬菜鲜艳的绿色，一般可采用以下保色方法：

a. 加油保色。在菜肴表面淋明油或焯水时加油脂，使油脂附着在蔬菜表面，形成保护性油膜，隔绝空气中氧气与叶绿素的接触，达到防止其氧化变色的目的。但此方法不能阻止蔬菜组织中酶的作用，只能在一定时间内有效，时间稍长仍会变色。

b. 加碱保色。叶绿素在酸性条件下不稳定，但在弱碱条件下可水解生成性质稳定的颜色亮绿的叶绿酸盐来达到保持蔬菜绿色的目的。如焯水时可以加少量碱。此方法虽然可以保持蔬菜的绿色，但是碱性条件下蔬菜所含的某些维生素损失较多，因此一般不使用。

c. 加盐保色。有些绿色蔬菜遇盐后会改变颜色，如黄瓜、青椒等，这些蔬菜加盐调味后绿色会加重，并且可以保持一定的鲜度，此方法多在生原料中使用。但加盐的量要适当，不宜过多，保存的时间也不宜过长，否则，叶绿素的破坏程度加重，其颜色反而变得黯淡无光。

d. 水泡保色。有些蔬菜和水果，如马铃薯、藕、苹果、梨等，去皮后会发生褐变。可以把去皮或切开的上述原料放入水中浸泡，这样可以隔绝原料与空气接触，从而避免褐变。但这种方法在短时间内有效，如果长时间浸泡仍会发生缓慢褐变。

②红色鲜肉的保色。畜肉的瘦肉多呈现红色，受热则呈现灰褐色。肉类的红色主要来自肌红蛋白，也有少量来自血红蛋白。加入硝酸钠、亚硝酸钠等腌渍时，肌红蛋白（或血红蛋白）转变成色泽红亮、加热不变色的亚硝基肌红蛋白（或亚硝基血红蛋白），从而使肉保持鲜艳的红色。我国规定硝酸钠和亚硝酸钠只能用于肉类罐头和肉类制品，最大使用量分别为0.5克/千克和0.15克/千克。

2）变色法。变色法即改变原料本色，是利用有关调味料在加热过程中改变原料的本色，使之形成鲜亮色泽的调色方法。此方法中所用的调料本来不具有所调配的色彩，而需要在烹制过程中经过一定的变化才能产生相应的颜色，多用于烤、炸等干热烹制的菜肴。

变色法主要利用菜肴在烹制过程中发生焦糖化反应或美拉德反应来改变色泽。如“北京烤鸭”的鸭皮表面抹上饴糖，可烤制出枣红色；“脆皮乳鸽”的鸽皮表面抹上饴糖和醋，炸出的制品红亮且皮脆。

3）兑色法。兑色法是用有关调味料以一定浓度或一定比例调配出菜肴色泽的方法，在菜肴调色中用途最广。此方法多用于以水为传热介质的烹调方法，如烧、炖、扒、煨等。常用的调味料有酱油、红醋、红糟、糖色、番茄酱、甜酱、食用色素等。操作时可以用一种调料，以浓度高低控制颜色深浅，也可以用数种调料以一定比例混合，调配出菜肴的色泽。为了使菜肴原料更好地上色，可以在调色之前先将菜肴原料过油或煸炒，以减少原料表层的水分，增强对色素的吸附能力。

4）润色法。润色法是在菜肴原料表面裹上一层薄薄的油脂，使菜肴色泽油润光亮的方法。此方法主要用于改善菜肴色彩的亮度。大多数菜肴都用到此方法，如出锅前加入明油或红油，就可使菜肴起明发亮，操作较为简单，有淋、拌、翻等方法。

以上4种调色方法在实际操作中一般不单独使用，而是两种或两种以上的方法配合使用，才能使菜肴达到应有的色泽。

（2）菜肴调色的要求　人们长期以来形成的饮食习惯决定了菜肴色泽的两大特点：一是专门讲究菜肴原料的本来之色；二是专门讲究菜肴原料的热变之色。

原料的本来之色，尤其是蔬菜原料，代表着新鲜。原料的热变之色，如浅黄、金黄、褐红色等，能激起人的食欲。因此，对调色有如下要求：

1）尽可能保持原料的鲜艳本色。蔬菜的鲜艳本色代表原料新鲜，而且能刺激人的食欲，调色时应尽可能予以保持，如绿色蔬菜烹饪时要注意火候，不要加盖焖煮，还要注意尽可能不用能掩盖其绿色的深色调料和能改变其绿色的酸性调料。

2）注意辅料的不足之色。有些原料的本色不够鲜艳，应加以辅助调色。较为典型的是香菇，烹饪时加适量酱油来辅助，其深褐色就会变得额外鲜艳夺目。有些原料受热转变后的色泽也需要用相应的有色调料辅助，如干煎大虾之类的菜肴中加入适量番茄酱，也可增色。

3）注意掩盖原料的不良之色。有些原料制成菜肴后色泽不太美观，如畜肉受热形成的浅灰褐色，需要用一定的调制技术予以掩盖，如上浆、挂糊、表面刷蛋液、高温处置、加深色调料等均可起到掩盖原料不良之色的作用。

4）注意增进原料的热变之色。菜肴原料受高温作用，如炸、煎、烤等，表面会发生褐变，可呈现出漂亮的色泽。要使原料的热褐变达到菜肴的色泽要求，除严格控制火候之外，有时还要加一些适当的调料，以增进其热褐变的发生。如烤制菜肴，常要在原料表面刷一层饴糖、蜂蜜、蛋液等；炸制菜肴，有时需在原料码味时加入一些红醋、酱油等（酱油不可多放，不然色泽会过暗）。

5）注意丰富各类菜肴的色彩。很多菜肴的调色不是单纯地考虑原料的本色，而是依照菜肴的色泽要求和色泽与食欲的关系，用有色调料来调配，以使菜肴的色彩变得更为丰富。同一种原料能够调配出多种不同的色调，如肉类菜肴就有洁白、浅黄、金黄、褐红色等。

6）注意色泽与香、味间的配合。菜肴的调色必须注意色泽与香气和味道的配合，因为色泽能令人产生丰富的联想，从而与香气和味道发生联系。一般来讲，红色令人感到鲜甜甘美，浓香宜人，还有酸甜之感；黄色令人感到甜美，香酥，柠檬黄还给人以酸甜的印象；绿色令人感到滋味清淡，香气清新；褐色令人感到味感强烈，香气浓郁；白色令人感到滋味清淡而平和，香气清新而纯洁；黑色有煳苦之感（原料的天然色泽除外）；紫色能损害味感（原料的天然色泽除外）；蓝色一样给人以不香之感。黑、紫、蓝3种颜色通常很难激起人的食欲。

7）注意避免原料呈现变质的颜色。菜肴原料的鲜艳本色会让人感觉到原料新鲜，更好地激起食欲。若是将绿色蔬菜调配成黄色，红色肉类调配成绿色，那么会让人认为原料腐败变质了，看在眼里没了食欲，吃在嘴里难以下咽。因此，调色时应避免形成原料的腐败变质之色。

3.2.1 酸甜味、麻辣味等的调配方法

1. 酸甜味的调配方法

酸甜味又称为糖醋味，是以酸甜两味为主味，以咸香等味辅佐的常用复合味型，其制法往往随各地方菜系的特点而异。下面介绍两种糖醋汁的配制方法。

（1）广东菜系糖醋汁的配制方法

1）原料配比：白醋1500克，白糖1000克，盐50克，番茄酱100克，辣酱油100克。

2）调配方法：先将白醋下锅，放入白糖，加热溶化，加入盐、番茄酱、辣酱油搅匀即成。

也可以取白醋5000克、红糖3000克、盐190克、葱汁350克、茄汁500克，入锅煮沸搅匀后调入枣红食用色素即成糖醋汁。

广东菜系糖醋汁可用于粤菜中的番茄鱼片、西柠煎软鸡等。

（2）京、苏等地方菜系糖醋汁的配制方法 京、苏菜系配制糖醋汁的方法与其他地方菜系大致相似，只是在糖和醋的用量比例上有些差别。如京、沪、浙等地方用醋略多，苏州、无锡等地方则用糖较多，安徽菜的糖醋汁又是按糖与醋2：1或3：1的比例配制的。一般都现做现用。

1）原料配比：米醋100克，白糖120克，酱油40克，水淀粉40克，植物油100克，姜末、葱末、蒜末各适量，水100克。

2）调配方法：先将植物油下锅烧热，然后下葱末、姜末、蒜末炒出香味，放入水、酱油、白糖、米醋烧沸，用水淀粉勾芡即成。

京、苏等地方菜系糖醋汁可用于鲁菜中的樱桃肉，京菜中的焦熘肉片、糖醋里脊等。

2. 麻辣味的调配方法

麻辣味主要由花椒的麻味、辣椒的辣味和盐的咸味为主，辅以香料，形成具有麻辣鲜咸、富有刺激性的复合味，是四川菜独特的风味。四川名吃中的麻婆豆腐、麻辣兔肉、麻辣鸡块等就属于此味型。麻辣味型又可细分为热菜味型和冷菜味型两种。

（1）热菜味型

1）原料配比：盐0.6%，花椒1.2%，干辣椒0.5%，豆豉0.6%，味精0.1%，植物油、鲜汤各适量。

2）调配方法：花椒经油煸炒后碾成末；干辣椒经油煸炒后剁成细末；豆豉剁成蓉。干辣椒末炒香上色，加入鲜汤，与主料一同烧沸。待主料入味，再放入盐、味精、豆豉提味，最后撒入花椒末即可。

（2）冷菜味型

1）原料配比：辣椒油2%，花椒0.3%，白糖0.8%，酱油2.5%，味精0.2%，葱花0.6%。

2）调配方法：辣椒油加热至有香味，花椒炒香碾成粉末。将白糖、味精、酱油混合调匀，先与主料搅拌均匀，再加入辣椒油搅拌均匀，最后放入花椒末、葱花拌匀即可。

3. 香辣味的调配方法

香辣味是以香、辣两味为主味的一大类味型，多以香辛料自身的香味和辣味为主，再辅以盐、味精、香油等辅助调料组合形成香辣味型。按其所用调料又可分为咖喱味型、蒜泥味型、芥末味型等。

（1）咖喱味型

1）原料配比：盐0.5%，白糖1%，咖喱粉0.8%，绍酒2%，味精1%，姜末0.6%，蒜末1%，洋葱末5%，淀粉、胡椒粉、植物油各适量。

2）调配方法：

①主料先用盐、绍酒、淀粉上浆。取淀粉调成水淀粉，用盐、绍酒、味精、胡椒粉、水淀粉调成芡汁。

②锅内放植物油烧至170℃，放入浆好的主料滑熟。

③锅中留少量植物油，放入咖喱粉、姜末、洋葱末、蒜末炒出香味，将滑熟的主料倒入锅中略炒，烹入芡汁，淋上热植物油即可。

（2）蒜泥味型

1）原料配比：蒜泥15%，盐0.5%，味精0.1%，香油10%。

2）调配方法：将捣成细蓉的蒜泥放入碗中，加入盐、味精调制均匀后再加入香油即可。

（3）芥末味型

1）原料配比：盐1%，酱油5%，芥末粉5%，香油3%，味精0.5%，醋0.5%。

2）调配方法：将芥末粉、酱油、醋搅拌均匀后，倒入沸水冲匀，装入密闭容器静置3小时即可使用，使用前辅以盐、香油、味精调味即可。

3.2.2 调料调色的方法

1. 调料的调色原理

调色，广义上讲，指菜肴色泽的调配和菜肴中各原料间的色泽搭配。狭义的调色，指运用各种有色调料和调配工艺手段，调配菜肴色彩，增加菜肴光泽，使菜肴色泽美观的过程。

调色的原理如下：

（1）运用各种有色调料复合成色　复合成色是将有关调料以一定浓度或一定比例调配出菜肴色泽的调色方法，多用于水烹菜肴的调色。复合成色的原理和绘画色彩的调配相似。

（2）改变pH，使绿色蔬菜保色　蔬菜中的叶绿素在碱性条件下较稳定。在烹饪加热时所用的媒介（如水等），pH为中性或稍偏碱性时，会使叶绿素分子中的酯部分水解，生成叶绿醇、甲醇及水溶性的叶绿酸，叶绿酸呈鲜绿色，并且比较稳定。我们可以利用这个原理，在烹调过程中，采用汆水法，并提高pH来保护蔬菜的鲜绿色。但是碱性不宜过高，否则对维生素C有破坏作用。同时，汆水时间不宜太长，否则将流失水溶性维生素。

（3）烹调中的焦糖化反应　焦糖化反应是糖类在加热到熔点以上的高温时，糖发生脱水和降解，同时也会发生褐变反应，其程度与温度和糖的种类直接相关。如糖在160℃下可形成葡聚糖和果聚糖，在185~190℃下形成异蔗聚糖，在200℃左右聚合成焦糖烷和焦糖烯，200℃以上则形成焦糖炔。酱色则可为上述各种（或部分）脱水聚合物的混合物，为深褐色至黑色的液体或块状、粉末状、糊状物质，具有焦糖香味和令人愉快的焦苦味。焦糖极易溶于水。其溶液的颜色随浓度由低到高而逐渐由浅黄、棕红最后变为深褐。

在烘焙工艺中的焦糖化反应是将糖类调料（如饴糖、蜂蜜、糖色、葡萄糖浆等）涂抹于菜肴原料表面，经高温处理产生鲜艳颜色的方法。糖类调料中所含的糖类物质在高温作用下主要发生焦糖化作用，生成焦糖色素，使制品表面产生明亮褐红的色泽。调色对火候的要求较高，火候不足，颜色浓度达不到要求；火候过了，颜色又会发黑，甚至味道变苦。北京烤鸭、脆皮鸡、烤乳猪等均是采用此方法调色；面包的焦黄色，也是由于面包中的糖类在烘烤时产生少量焦糖色的缘故。

（4）烹调中的美拉德反应　美拉德反应（又称为羰氨反应），是指单糖、还原糖中的羰基或羰基化合物与氨基化合物（氨基酸和蛋白质）间的反应，生成具有特殊香味的棕色甚至是黑色的大分子物质。

在烹调中，美拉德反应法是指将食醋作为菜肴原料腌渍料之一，使其经高温处理产生鲜艳颜色的方法。食醋能改变原料的酸碱性，使羰基化合物和氨基化合物易于发生美拉德反应，形成被称为黑色素的色素物质，使制品产生与焦糖化作用相似的红亮色泽。

（5）烹调中的腌渍发色作用　在烹调加工中，经常用到腌渍工艺。总的来说，腌渍的目的主要在于加强保存性，形成成熟风味，提高肉的保水性，施加咸味，除此之外，还可以提高肉的发色。腌渍剂常用盐、香辛料等调料。

2. 调料的调色工艺

（1）直接添加或表面涂抹有色调料上色　直接添加是在烹调过程中直接添加有色调料着色，如往红烧鱼、红烧肉中放入酱油，使菜肴呈褐红色；在名菜樱桃肉中添加红曲色素上色，使其红色娇艳欲滴，诱人食欲。而表面涂抹在烹调中，是用调料将原料（或菜肴）涂抹或染上颜色，如在酱制品成品表面涂抹一层糖色或油脂，使成品表面油光红润。

（2）利用焦糖化反应和美拉德反应上色　此方法一般用在需要油炸或高温烘烤的产品中，涂抹饴糖或蜂蜜的肉制品经过油炸或烘烤后呈现诱人的金黄色泽，如在油炸工艺中，用饴糖或蜂蜜按1∶3至1∶5的比例在温水中使其充分溶解并冷却。把腌渍洗好的肉沥去多余的水，充分蘸取配制好的糖液，在160~190℃的油中炸1~2分钟取出，表层颜色均匀、美观，呈棕红色。

在烘烤工艺中，通常用10%的饴糖或蜂蜜淋在半成品的外表上，自然风干后，呈金黄色；若需肉制品呈枣红色时，还需要加10%的白砂糖溶液上色，在不低于180℃的高温条件下烘烤，才能形成。常见的烤鸡、烤鸭等菜肴，均以此方法上色。

除此之外，用糖等调料加上茶叶、果木屑等制作熏肉、熏鱼、熏鸡，可使成品呈金黄色或杏红色。以熏鸡为例，熏鸡的特点为鸡身完整、色泽鲜艳油亮、芳香可口。熏制方法是：在红热的锅中加入白糖、茶叶，然后迅速将鸡的半成品置于铁篦子上，立即加盖，约5分钟后，菜品即上色呈金黄色，风味独特。以上这些技术措施，其目的除了调味外，还可以使成品颜色金黄或红润鲜艳，诱人食欲。

（3）利用添加剂类调料——“硝水”腌渍发色　此方法一般用在腌渍肉制品中。名菜“肴肉”的制作中，猪蹄要先用硝水、盐、香料等腌渍（春秋约为2天，夏天约为1天，冬天约为3天），再浸漂刮洗，最后煮制压制冷藏而成，成品是利用硝水的发色作用，使成品色泽红润。

（4）利用脂肪的乳化作用发色　主要适用于鸡、鸭、猪骨、猪蹄、猪肘、猪肚等容易让汤色泛白的原料。原料用滚水先烫过，加冷水大火煮开，撇去浮沫，放入葱、姜、料酒，中火煮至汤呈乳白色，在煮制过程中，在沸腾的水中添加适量的熟动物油（通常用猪油），利用脂肪的乳化作用，可使汤色增白。

（5）蔬菜焯水或加碱焯水保色　蔬菜的种类很多，在烹调加工中，根据具体品种进行焯水处理，可以使蔬菜颜色更鲜艳，质地更脆嫩，减轻涩、苦、辣味，还可以杀菌消毒。如菠菜、芹菜、油菜通过焯水变得更加翠绿；苦瓜、萝卜等焯水后可减轻苦味；扁豆中含有的血球凝集素，通过焯水可以去除。

但是豆角类焯水时最好加点碱，这是因为豆角在生长过程中，表面会形成脂肪性角质物质和大量的蜡质。这些物质遮蔽了豆角表皮细胞所含的叶绿素，因而豆角的翠绿色泽不突出，豆角的角质和蜡质物质不溶于水，而只溶于热碱水，故在豆角焯水时添少许碱，豆角便显得翠绿。但加碱切忌过多，否则会影响菜肴的风味特色和营养价值。

蔬菜焯制后若不立即烹调，应拌点熟油，因为蔬菜经焯水后发生了很大的变化，菜叶外表具有保护作用的蜡质、组织细胞均被破坏了，如果焯水后不立即烹调，便很容易变色并造成营养流失。如果将汆水后的蔬菜拌点熟植物油，就能在蔬菜表面形成一层薄薄的油膜，既可防止水分蒸发，保持蔬菜的脆嫩，又可阻止蔬菜氧化变色和营养物质的流失。

3.3 预熟处理

预熟处理是根据成品菜肴的烹制要求，在正式烹调前用水、油、蒸汽等传热介质对初加工后的原料进行加热，使其达到半熟或刚熟状态的加工过程。

3.3.1 烹制工艺中的热传递方式

烹制工艺中有3种基本热传递的方式，即热传导、热对流和热辐射。

1. 热传导

热传导是由于大量分子的相互撞击，使热量从物体温度较高的部分传至温度较低的部分的传热方式，是固体传热的主要方式，如盐焗、泥烤等烹调方法。

2. 热对流

热对流是以液体或气体作为传热介质，在液体或气体的循环流动中，将热量传递给烹制原料的传热方式，如蒸、煮等烹调方法。

3. 热辐射

热辐射不需要传热介质，是直接从热源沿直线方向将热量向四周发散出去，使周围物体受热的传热方式，如烤制等烹调方法。

3.3.2 预熟处理的方法及要求

预熟处理是原料正式烹调前的一个重要环节，它直接关系到成品菜肴的质量，包括焯水、过油、汽蒸、走红等。

1. 焯水

焯水又称为出水、飞水等，是指把经过初加工后的烹饪原料根据用途放入不同温度的水锅中加热到半熟或全熟的状态，以备进一步切配成型或正式烹调之用的方法。

（1）焯水的方法 根据投料时水温的高低，焯水可分为冷水锅焯料和沸水锅焯料两种方法。

1）冷水锅焯料。冷水锅焯料是指将加工整理的烹饪原料与冷水同时入锅加热至一定程度，捞出漂洗后备用的焯水方法。此方法主要适用于腥膻臭等异味较重、血污较多的动物性烹饪原料，如牛肉、羊肉、肠、肚、肺等。一些含有苦味、涩味的植物性烹饪原料也要用冷水锅焯料，如笋、萝卜、马铃薯、山药等，这些植物性烹饪原料中的苦味、涩味只有在冷水锅中逐渐加热才能消除。

2）沸水锅焯料。沸水锅焯料是指将锅中的水加热至沸腾，再将烹饪原料放入，加热至一定程度后捞出备用（蔬菜类原料要迅速用冷水过凉后备用）的焯水方法。主要适用于色泽鲜艳、质地脆嫩新鲜的植物性烹饪原料，和一些腥膻味较小、血污较少的动物性原料。

（2）焯水的要求

1）要根据烹饪原料的质地掌握好焯水时间。

2）有特殊味道的烹饪原料应分开处理。

3）深色与浅色的烹饪原料应分开焯水。

2. 过油

过油是指在正式烹调前以食用油脂为传热介质，将加工整理过的烹饪原料制成半成品的预熟处理方法。

（1）过油的方法　过油分为滑油和走油两种。

1）滑油。滑油是指用温油锅将加工整理的烹饪原料滑散成半成品的一种过油方法。滑油的油温一般控制在五成热以下，适用范围较广，家禽、家畜、水产品等烹饪原料均可滑油。滑油的原料其形状大多是丁、丝、片、条等小型原料。

2）走油。走油又称为油炸，是一种油量大且油温高的过油方法。因油温较高，所以能迅速蒸发烹饪原料表面和内部的水，进而达到定型、上色、形成质感的目的。走油的使用范围较广，家禽、家畜、水产品、豆制品、蛋制品等烹饪原料均可。这些烹饪原料的形状较大，以整块、整只、整条等为主。

（2）过油的要求

1）根据正式烹调的要求确定成熟度。

2）根据成品的特点灵活掌握火候。

3）根据成品的要求掌握色泽。

4）半成品不可放置过久。

3. 汽蒸

汽蒸是指将已加工整理过的烹饪原料放入蒸锅，采用一定的火力，通过蒸汽将烹饪原料制成半成品的预熟处理方法。

（1）汽蒸的方法　汽蒸时，根据原料的质地和蒸制后应具备的质感，可分别采用大火沸水猛汽蒸和中火沸水缓汽蒸两种方法。

1）大火沸水猛汽蒸。大火沸水猛汽蒸是指将经加工整理的烹饪原料装入蒸锅，采用大火沸水足量的蒸汽将原料加热至一定程度，制成半成品的汽蒸方法，主要适用于体型较大或质地老韧的原料，如干贝、整鸡等的预熟处理。

2）中火沸水缓汽蒸。中火沸水缓汽蒸是指将经加工整理的烹饪原料放入蒸锅，采用中火沸水少量的蒸汽将原料加热至一定程度，制成半成品的汽蒸方法。主要适用于鲜嫩、易熟的烹饪原料及精加工制成的半成品，如黄蛋糕、白蛋糕、虾肉卷等的预熟处理。

（2）汽蒸的要求

1）注意与其他预熟处理的配合。许多烹饪原料在汽蒸处理前还要进行其他方式的预熟处理，如过油、焯水、走红等，各处理环节都应按要求进行。

2）调味要适当。汽蒸属于半成品加工，必须进行加热前的调味，但调味时必须给正式调味留有余地以免味道过重。

3）防止烹饪原料间互相串味。多种烹饪原料同时采用汽蒸时，要防止汤汁的污染和串味。

4. 走红

走红又称为上色、酱锅、红锅，是指将一些经过焯水或走油的半成品烹饪原料放入各种有色的调味汁中进行加热，或将原料表面涂上某些调料经油炸而使烹饪原料上色的预熟处理方法。

（1）走红的方法　根据传热介质的不同，走红可以分为两种，即卤汁走红和过油走红。

1）卤汁走红。卤汁走红是指将经过焯水或走油的烹饪原料放入锅中，加入鲜汤、香料、料酒、糖色等，用小火加热至菜肴所需要的颜色的一种走红方法。一般适用于鸡、鸭、鹅、方肉、肘子等烹饪原料的上色，以辅助烧、蒸等烹调方法制作菜肴。

2）过油走红。过油走红是指在经加工整理的烹饪原料的表面均匀涂上一层有色调料，如料酒、饴糖、酱油、面酱等，然后放入油锅中浸炸至烹饪原料上色的一种走红方法。一般适用于鸡、鸭、方肉、肘子等烹饪原料表面的上色，以辅助蒸、卤等烹调方法制作菜肴。

（2）走红的要求

1）控制烹饪原料的成熟度。因为走红并不是最后烹调阶段，所以，要尽可能地在上好色泽的基础上迅速转入正式烹调，以免影响菜肴的质感。

2）保持烹饪原料形态的完整。以免原料松散，影响其质感。

3.3.3　汤的种类

制汤是指把加工整理后的富含蛋白质、脂肪等营养物质的新鲜动植物性烹饪原料放入适量水中，运用适当火候长时间加热，使原料中的鲜味物质和营养物质充分溶解于水中，从而制成营养丰富、滋味鲜美的汤汁。

1. 按烹饪原料的性质划分

按烹饪原料的性质，汤汁可分为荤汤和素汤两大类。荤汤按原料品种不同有鸡汤、鱼汤、海鲜汤等；素汤有豆芽汤、香菇汤等。

2. 按汤汁的味型划分

按汤汁的味型，汤汁可分为单一味和复合味两种。单一味是指只用一种原料制作而成的汤；复合味是指用两种以上原料制作而成的汤。

3. 按汤汁的色泽划分

按汤汁的色泽，汤汁可以分为清汤和白汤两类。清汤清澈见底，口味清纯。白汤汤色乳白，口味浓厚。

4. 按制汤的工艺方法划分

按制汤的工艺方法，汤汁可分为单吊汤、双吊汤、三吊汤等。单吊汤就是一次性制作完成的汤；双吊汤就是在单吊汤的基础上进一步提纯，使汤汁变清，汤味变浓；三吊汤就是在双吊汤的基础上再次提纯，形成清澈见底、味道醇美的高级清汤。

3.3.4 基础汤的用料及技术要求

1. 基础汤的用料

基础汤的用料比较简单、随意，不同的餐馆选料不同，凡是新鲜的动物性原料均可使用，有单用一种原料的，也有混合使用的，如鸡肉、鸡骨、鸭肉、鸭骨、牛肉、鱼肉、鱼骨等，较为规范的普通汤是用鸡肉与肘子或鸡肉与牛肉原料制作而成的。

2. 制作基础汤的技术要求

1）煮汤用的水质要清纯。

2）煮汤用的容器以铁锅、不锈钢锅、砂锅为好，不宜使用铝锅、铜锅等器具。

3）汤中不宜加含盐的调味料和咸肉等，否则会使蛋白质变性凝固影响汤汁质量。

4）原料若冷水下锅，一定要大火速开，否则肉中渗出的血沫易粘锅煳底，产生不良的气味。

5）煮汤时间不宜过长，否则会导致氨基酸氧化，使氨基酸进一步变性，从而影响汤的风味。

6）煮好的汤最好当天现制现用，不宜隔天使用，以保持汤汁鲜美。

7）选用营养丰富、鲜味充足的原料。

8）动物性原料煮汤前一般需要进行焯水处理。

技能训练 1　焦熘肉片（彩图 6）

工艺流程： 选料→改刀腌渍→兑芡汁→炸制→烹汁→装盘。

原料： 猪五花肉150克。

调料： 酱油15克，水淀粉85克，鸡蛋100克，盐4克，料酒10克，青蒜15克，葱丝10克，醋10克，花生油800克（实耗100克），味精1克，鲜汤30克。

操作过程：

1）将猪五花肉切成长5厘米、宽3.5厘米、厚3毫米的片，加入酱油5克、盐2克、鸡蛋液、水淀粉80克，拌匀，青蒜切成段。

2）酱油10克、料酒10克、盐2克、醋、味精、鲜汤、水淀粉5克兑成芡汁。

3）炒锅置旺火上，下花生油烧至六成热，分散放入猪五花肉片，炸至外焦里嫩呈金黄色，倒入漏勺沥油。锅内留底油适量，放入葱丝、青蒜段炒出香味，烹入芡汁，收汁亮油，加入炸好的猪五花肉片翻匀装盘成菜。

操作要领： 炸制时油温不能过高，猪五花肉片入锅时要分散开，防止粘连成坨。

成菜特点： 色泽棕红，肉片酥脆，咸鲜稍酸。

技能训练 2　软炸鸡柳（彩图 7）

工艺流程： 选料→改刀成条→入底味挂糊→炸制→装盘。

原料： 鸡脯肉200克。

调料： 盐3克，料酒2克，味精2克，椒盐末2克，熟猪油750克（实耗25克），蛋清糊适量。

操作过程：

1）将鸡脯肉切成长方条，用盐、味精、料酒抓匀后，挂蛋清糊。

2）锅上火加入熟猪油烧至四成热，逐条放入挂好糊的鸡脯肉条，炸至外皮发硬时捞出，待油温上升至七成热时，复炸一次，炸成乳黄色熟透，捞出装盘，上桌时配椒盐末碟。

操作要领： 鸡肉条不宜切得过粗，炸制时要分散入锅，复炸时注意油温不能过低。

成菜特点： 外皮略酥，里香嫩。

技能训练 3　糖醋里脊（彩图 8）

工艺流程： 选料→改刀成条→挂糊→炸制→烹汁→装盘。

原料： 猪里脊肉200克。

调料： 姜5克，蒜5克，鸡蛋黄1个，淀粉60克，面粉75克，盐2克，兑好的糖醋汁、葱姜汁各适量，色拉油1500克（实耗100克）。

操作过程：

1）将猪里脊肉切成0.3厘米厚、2厘米宽、6厘米长的条，加盐、葱姜汁抓匀腌渍。姜、蒜切末。

2）将淀粉、面粉、鸡蛋黄和适量水调成糊，淋入色拉油10克，将猪里脊肉条放入糊中拌匀。

3）锅中加色拉油烧至五成热时，放入猪里脊肉条炸至定型捞出。待油温升至六成热时，将猪里脊肉条复炸2分钟至酥脆捞出。待油温再次升温至七成热时，倒入猪里脊肉条再炸15秒捞出。

4）锅内留底油10克，烧至四成热放姜末、蒜末炒香，倒入糖醋汁炒至浓稠冒泡，倒入炸好的猪里脊肉条，快速翻炒均匀装盘即成。

操作要领：猪里脊肉切得不能过厚，否则不易熟透。复炸两次，达到酥脆口感。

成菜特点：酥香脆爽，酸甜适口。

技能训练4　松鼠鳜鱼（彩图9）

工艺流程：选料→宰杀洗净→剞刀→兑汁→拍粉炸制→装盘→淋汁。

原料：鳜鱼1条（约750克）。

调料：番茄酱100克，盐5克，白糖30克，香醋50克，葱白段15克，姜片10克，淀粉100克，水淀粉35克，绍酒25克，色拉油2500克（实耗约80克）。

操作过程：

1）将鳜鱼宰杀洗净。

2）将鳜鱼剞松鼠花刀，用绍酒、盐腌渍10分钟，并拍上淀粉。

3）锅上火放少许色拉油，用葱白段、姜片炝锅后捞出，加入番茄酱、白糖、香醋、绍酒、水淀粉入锅调成番茄卤汁。

4）将鳜鱼整理成松鼠形，提着鱼尾入热油锅中炸至金黄色捞出。

5）将鳜鱼放入盘中，淋上调好的番茄卤汁即可。

操作要领：鳜鱼不能太小，拍粉后要抖开，炸制时注意尾巴的角度。

成菜特点：色泽金黄，形似松鼠，外脆里松，甜中带酸，鲜香可口。

技能训练5　麻婆豆腐（彩图10）

工艺流程：选料→改刀焯水→炒肉末→加豆腐烧制→勾芡→淋油→装盘。

原料：豆腐400克，猪肉150克。

调料：郫县豆瓣酱10克，蒜10克，姜10克，葱10克，豆豉5克，生抽10克，白糖5克，花椒粉3克，香葱末、清汤各少许，鸡精1克，色拉油150克，水淀粉10克。

操作过程：

1）豆腐切块，焯水备用；葱、姜、蒜切末；猪肉切成末。

2）热锅放入底油后加入猪肉末炒香后盛出，锅中加入剁碎的郫县豆瓣酱、葱末、姜末、蒜末、豆豉炒香，加入少量清汤，放入猪肉末、豆腐块，加生抽、鸡精、白糖调味。

3）待汤汁浓稠时，加1/3水淀粉勾芡，重复3次，淋油装盘，撒上花椒粉、香葱末即可。

操作要领：

1）炒郫县豆瓣酱、豆豉时要用小火，以免煳锅。

2）猪肉不要剁得太细，炒至酥香后盛出，最后再加入，以保持其酥脆的口感。

3）勾芡时要分3次进行，使芡汁更加均匀地包裹在豆腐上。

成菜特点：红白相间，麻、辣、烫、香、酥、嫩、鲜。

技能训练 6　普通清汤（彩图 11）

工艺流程：选料→初加工→加水煮制→过滤。

原料：清水20千克，老母鸡（柴鸡，治净）2.5千克，鲜猪肘（或鲜瘦牛肉）2.5千克，猪棒骨2千克。

操作过程：

1）将老母鸡去鸡头。

2）锅中放入所有原料，用大火迅速烧开，撇净浮沫，而后改用微火煮3小时左右，至汤汁澄清、汤味鲜醇，捞出老母鸡、鲜猪肘、猪棒骨，过滤汤汁即可作烹调汤使用。

3）出汤量为10~15千克。

操作要领：

1）原材料清洗干净。

2）浮沫撇净后，一定要转微火。

3）过滤时用3层以上纱布过滤方能干净。

成菜特点：汤汁澄清，汤味鲜醇。

适用范围：普通清汤适用于一般烧、扒、烩及汤菜的使用。

技能训练 7　普通白汤（奶汤）（彩图 12）

工艺流程：选料→初加工→加烹煮制→过滤。

原料：清水20千克，老母鸡（治净）2.5千克，鲜猪排骨2.5千克，猪棒骨2千克。

操作过程：

1）将老母鸡去掉鸡头。

2）锅中加入所有原料，用大火将汤锅迅速烧开，撇去浮沫，继续用大火将汤烧滚呈白色后加盖，用中火煮2小时左右，至汤味浓香、色泽浓白时捞出老母鸡、鲜猪排骨、猪棒骨，过滤汤汁即可作烹调汤使用。

3）出汤量约为10千克。

操作要领：

撇净浮沫后一定要用大火烧至呈白色后才能转中火，否则汤不白。

成菜特点：汤味浓香，色泽浓白。

适用范围：普通白汤适用于一般烧、㸆、砂锅炖、烹炒、白烩及奶汤菜的烹调。

复习思考题

1. 上浆有哪些种类？各有什么用途？
2. 糊的种类有哪些？各有什么用途？
3. 上浆、挂糊有何区别？
4. 在烹调中调味可分为哪几个阶段？调味有什么作用？
5. 调色工艺常用的方法有哪几种？
6. 焯水时应注意哪些问题？
7. 走红的方法有哪些？其操作时应注意哪些问题？
8. 汤可分为哪几类？

项目4

菜肴制作

- 菜肴制作
  - 热菜烹制
    - 火候的概念及传热介质的导热特征
    - 烩、焖、熘、爆、煎的概念及技术要求
    - 勾芡的目的、方法及技术要求
  - 冷菜制作
    - 热制冷食菜肴的制作要求和方法
    - 什锦拼盘拼摆要求
    - 技能训练1 烩酸辣肚丝
    - 技能训练2 红烩三丁
    - 技能训练3 红焖肘子
    - 技能训练4 黄焖鸡块
    - 技能训练5 焦熘里脊
    - 技能训练6 糖醋鲤鱼
    - 技能训练7 油爆双脆
    - 技能训练8 芫爆里脊丝
    - 技能训练9 干煎黄鱼
    - 技能训练10 南煎丸子
    - 技能训练11 清蒸鳜鱼
    - 技能训练12 米粉肉
    - 技能训练13 酱鸡
    - 技能训练14 卤鸡肫
    - 技能训练15 什锦拼盘——扇面三拼
    - 技能训练16 什锦拼盘——扇面八拼

4.1 热菜烹制

4.1.1 火候的概念及传热介质的导热特征

中国烹调技艺以讲究火候而闻名于世。火候的运用关系到菜肴的质量，是烹调技艺中的关键问题。火候知识包括对火力与火候要素的理解和掌握、烹调时的热源和传热方式及原料在烹调中的变化等内容，是烹调技艺的重要组成部分。

1. 火候的概念

火候是指在烹调中所用的火力大小、时间长短与原料受热至成熟度的关系。

火候是烹调技术的核心，是保证菜肴质量的基础，是形成多种烹调方法和不同口味的重要因素。对于火候而言，温度与时间是两个关键因素，改变任意一个因素，都会使火候产生不同的变化，使食物的加热产生不同的结果。因此，准确地说，火候就是根据不同原料的性质和形态、不同的烹调方法及不同的口味要求，对热源温度和加热时间进行调节和运用，以获得菜肴由生变熟所需要的适当温度，达到色、香、味、形、质俱佳效果的综合过程。

不同风味的菜肴、不同的烹调方法及同一种菜肴在烹制过程中的不同阶段，都有不同的火候要求。火候掌握适当，就可以突出原料的鲜味，去除原料的腥膻等异味，从而烹制出美味佳肴；反之，如果火候掌握不当，即使选用优质的主料和辅料，也可能烹制出质量低劣的菜肴。所以说，火候的掌握对菜肴的色、香、味、形、质起着决定性的作用。

2. 火力及火力的鉴别

火力是指各种能源经物理或化学变化转变为热能的过程。中式烹调中用的明火，其火力的大小、强弱，除受气候冷暖和炉灶结构等因素的影响外，主要取决于燃料的种类、数量、质量及空气的供应情况。燃料燃烧过程属化学变化范畴，空气供应充足，燃料就能充分燃烧，可释放出最大热量，反之所释放的热量就少。

随着人们环保意识的增强，现代厨房所用炉灶中，以电能转化成热能的炉灶大量普及。不论是远红外线烤箱、电磁灶，还是微波炉等用电能转化成热能的器具，都是以电能为热源将烹饪原料加工成熟，整个过程不见明火。虽不能直接观察到明火，但火力的大小、火力的鉴别可通过自动控制系统来完成。通过调节炉灶的通电时间，利用电磁原理甚至使用计算机，都可精确无误地提供给加工烹制的烹饪原料所需要的热能，使之达到成菜标准。其准确程度超过人的感官鉴定，是现代高科技在厨具上的具体体现，是传统厨具改革发展的方向。

火力是掌握火候的基础，而鉴别火力是准确掌握火候的前提条件。如何鉴别火力，一般来说，应从火焰高低、颜色的变化、光亮的程度、热气的大小等因素区分出大火、中火、小火、微火等不同火力。

（1）大火　又称为旺火、武火、急火、猛火，是火力最强的一种火。这种火的火焰高而稳定，火光耀眼明亮，呈黄白色，辐射强，热气逼人，适合快速烹制的烹调方法，如炸、炒、熘、爆、汆、蒸等。

（2）中火　又称为文武火，是介于小火与大火之间的一种火。这种火的火焰呈红色，高度较大火低且常会发生摇晃、火暗的现象，辐射性较强，适合烧、煮、烩、扒、煎、贴、烧等烹调方法。

（3）小火　这种火的火焰细小，呈青绿色，光度暗淡且有时有些起落，适合煨、炖、焖等烹调方法。

（4）微火　这是火力最小的一种火。火焰很小，呈蓝紫色，供热微弱，适用于焖、煨和熬汤等，多用于菜肴成品的保温。

3. 影响火候的因素

热源的火力、传热介质的温度和加热时间是构成火候的3个要素。影响火候的因素主要有烹饪原料性状、传热介质用量、烹饪原料投料量、季节变化等。

（1）烹饪原料性状对火候的影响　烹饪原料的性状是指烹饪原料的性质和形状。烹饪原料的性质包括原料的软硬度、老嫩度、成熟度、新鲜度等。不同的烹饪原料，由于化学成分、组织结构等的异同，会造成烹饪原料性质上的差异，其性质上的差异必然会导致烹饪原料导热性和耐热性的不同。因此，在满足成菜质量标准的前提下，必须依据烹饪原料的性质来选择传热的媒介物和选择火候的要素。一般在成菜制品要求和烹饪原料性质一定时，形体大而厚的烹饪原料在加热时所需的热量较多；反之所需的热量较少。

（2）传热介质用量对火候的影响　传热介质用量与传热介质的热容量有关，从而会对传热介质的温度产生一定的影响。种类一定的传热介质用量较多时，要使其达到一定温度就必须从热源获取较多的热量，即传热介质的热容量较大，少量的烹饪原料从中吸取热量不会引起温度大幅度的变化。传热介质的热容量较小，温度会随着烹饪原料的投入而急剧下降。要维持一定的烹制温度，就必须适当增大热源火力。可见，传热介质用量的多少会影响温度的稳定性。

（3）烹饪原料投料量对火候的影响　烹饪原料的投入量对火候的影响，也是影响传热介质温度的因素。一定的烹饪原料要制作成菜肴，需要在一定的温度下花费适当的时间进行加热，烹饪原料投入后会从传热介质中吸取热量，因而导致传热介质温度降低。要保持一定的温度，就必须有足够大的热源火力相配合，否则温度下降时，只有通过延长加热时间来使烹饪原料成熟。因此，烹饪原料投入量的多少，对传热介质的温度有影响。投入量越多，影响就越大；反之就越小。

（4）季节变化对火候的影响　一年四季中冬季、夏季温差比较大，环境温度一般都有几十摄氏度的差异。这必然会影响菜肴烹制时的火候。冬季气温较低，热源释放的热量中有效能量会有所减少。而夏季气温较高，热源释放的热量和传热介质载运的热量，较冬季损耗要少得多。因此，在冬季应适当增强火力，提高传热介质的温度或延长加热时间；在夏季则需要适当减弱火力，降低传热介质的热量或缩短加热时间。

4. 掌握火候的原则

在烹调过程中，根据原料的性质、加工的形状、环境条件、烹调方法、菜肴的质量要求，以及各地区人们饮食习俗不同，来确定火力大小及成熟时间的方法叫掌握火候。掌握火候的原则如下：

（1）必须适应烹调方法的需要　不同的烹调方法对火候的要求各不相同，必须根据不同的烹调方法采用合适的火候。如炒是一种快速的烹调方法，一般要求大火，使用时间较短；炸，一般用大火，使用时间不能太长；浸炸，先用大火把油烧至高温，放入物料，转小火浸炸至脆，时间较长；炖，一般先用大火，后用小火，时间也较长。

（2）根据原料种类及其性质确定火候　不同种类的原料由于具有不同的性质，采用的火候也不同。质老形大的原料，宜长时间用小火烹制；质嫩外形较小的原料，宜短时间用大火烹制。

（3）同一种原料，加工形状不同，火候也不同　块大较厚的原料烹制时宜用小火，加热时间要长些；反之，可用大火，加热时间短些。

（4）原料的规格、数量不同，火候也不同　原料经刀工处理成丝、片、块等不同的规格，一般情况下，丝、薄片较易熟，加热时间一般比较短；但原料块厚较难熟，加热的时间必然长些。原料的数量较多，须用较多的热量才能成熟，因此加热的时间也长一些。

（5）根据饮食习俗不同而确定火候　我国是一个多民族的国家，人们饮食不仅口味差异很大，对原料成熟程度要求也不一样，如广东人吃蔬菜一般要求鲜脆，吃白斩鸡时要见血；西北地区人吃牛羊肉不要求熟透。可见，饮食习俗不同，对掌握烹饪原料断生和成熟度的火候要求是不一样的。

5. 掌握火候的方法

（1）根据原料的形体及颜色变化烹调　体形较大的原料受热时，热从原料表面传到中心，需要较长时间，因此一般需要用较长时间的小火烹制。

颜色变化是物质内部分子结构发生变化的一种表现，如肌肉中由于存在肌红蛋白而呈红色，当受热至70℃以上时，便开始变性，颜色由血红色变为灰白色，因此，可由肉颜色的变化来掌握火候。

（2）按原料加工后的形状　原料加工成各种规格和形状，一般来说，形状规则、厚度大、体积大的原料较难熟，宜用大火或受热时间较长；而形状不规则、厚度小、体积小的原料较易熟则用小火，受热时间相对短。

（3）根据原料质地决定投放次序 原料的质地是决定烹调火候的重要因素。在同一菜肴烹制中，根据原料的质地决定加热时间的长短，加热时间长的、质地老韧的原料，应先投料；加热时间短的、质地细嫩的原料应后投料。

（4）根据菜肴的风味特色掌握火候 我国地域广阔，人口众多，饮食习惯各不相同，对菜肴特色的要求也各不相同，因而形成具有不同特色的菜系。各菜系的口味也有许多差异，烹调方法也有所区别，必须按各菜系的要求，使用不同火候，才能烹制出具有不同特色的菜肴，如以鲜嫩为特色的菜肴，加热时间不宜过长；而以汁浓重口为特色的菜肴，则加热时间较长。

6. 传热介质的导热特征

热传递有3种方式：传导、对流和辐射。高温物体与低温物体间的热传递，除直接接触外，一般需要传热介质。在烹调过程中，热源释放出的热量传递给锅，锅通过水、油、水蒸气、干热气体、固形物（如盐、沙粒、泥巴等）等几种传热介质把热传递给烹调原料，使原料温度升高以至成熟。

（1）水 水是烹调加工中最常用的传热介质，主要以热对流的方式传热。水通过热对流把热量传递到原料表面，又由原料表面传输到原料内部，原料在一定的时间内吸收一定的热量，进而完成由生变熟的变化。以水作为传热介质具有以下特点：

1）沸点低、导热性能好。常压下水的沸点温度是100℃，有杀菌消毒的作用。沸水不剧烈沸腾时，将热量传递给烹饪原料的能力最强，热交换多，且由于导热性能好，便于形成均匀的温度场，使原料受热均匀，易使菜肴达到软嫩、酥烂的质感。如运用煮、炖、氽等烹调方法烹制原料，既能使烹饪原料达到成菜的标准，又能节省加热时间。

2）比热容大、易操作。水的比热容高，导热性能好，因此水可储存大量热量，加热后逐渐释放储存的热量，使烹饪原料在均匀的温度场中受热均匀。同时，水的溶解能力强，有利于烹饪原料的入味和各种烹饪原料间滋味的融合，便于掌握色泽，并可保证水溶性营养素充分溶解在汤汁中而不受破坏或流失。

3）化学性质稳定。水的化学成分比较单一，其化学性质稳定且无色、无味，较长时间受热一般不会产生对人体有害的物质，能使烹饪原料保持自身的风味特色。

在烹调过程中，常加入盐及其他调料，它们溶于水中形成水溶液。因此，在烹调过程中，传导热量的不是纯水，而是水溶液。根据拉乌尔定律可知这些水溶液的沸点高于纯水的沸点，利用这些水溶液导热时，最高温度可稍超过100℃。如果在烹调时加盖，由于蒸汽压增大，也会使沸点升高。

（2）油 用油加热的情况与水类似，主要也以对流的方式传递热量。然而，由于油的沸点比水高得多，故可利用的温度范围比水大得多。在烹调中可用作传热介质的油大体上可分为两大类，即动物性油脂与植物性油脂。用油作传热介质，可根据原料的性质及产品的质量要求，选择合适的温度。油在加热过程中液体内部的水分子迅速蒸发，油的温度逐渐上升，当热油与原料接触时，原料的表面温度迅速上升，并发生化学反应，如焦糖化反应等，使原料表面的颜色发生变化。原料表面的水也迅速蒸发，失水后的原料表面逐渐形成香酥的表面层。此外，由于油温较高，原料成熟的时间也较短。以油脂作为传热介质具有以下特点：

1）沸点高、便于成熟。油脂的沸点较高，可达300℃左右，并具有疏水性。高温的油脂可使烹饪原料失去大量水分，使菜肴获得香脆、酥松的口感，且能增香、上色，形成风味菜肴。此外，用油导热还能使烹饪原料迅速成熟，缩短加热时间，使一些质地鲜嫩的烹饪原料在加热过程中减少水分的流失，保持其酥脆、软嫩的特色。

2）适用性广。油的温度变化幅度大，适合对多种不同质地的烹饪原料进行各种温度的加热，还可满足多种烹调方法的需要，使菜肴形成不同的质感。

3）便于造型及改善菜肴营养。烹饪原料通过刀工处理后再用油加热，由于蛋白质变性，会使烹饪原料形状各异，增加菜肴的美感，同时可提高蛋白质的消化吸收率。油本身既是传热介质，也是营养素之一，具有人体必需的脂肪酸、维生素等。食用油脂也有利于人们对食物中脂溶性维生素的吸收。

4）可使烹饪原料表面上色，产生焦香气味。由于油脂高温的作用，原料表面会发生明显的焦糖化反应和美拉德反应，不仅能呈现出金黄、浅黄、棕红等诱人的色泽，而且还能形成特有的焦香气味。

（3）水蒸气 水蒸气传热是中式烹调中较早使用的一种很有效的烹调传热方式。水蒸气的传热主要以热对流的方式进行，在烹饪原料表面凝结放热，将热量传输给烹饪原料，使其受热成熟。水蒸气传热主要有以下特点：

1）水蒸气传热迅速、有效、均匀、稳定。由于水蒸气在密闭的容器中，比水的沸点略高，吸收的热量多，因此使烹饪原料吸收的热量更多，成熟速度也更快。

2）水蒸气加热保湿、保质、保味、保形。保持烹饪原料的适当水分，是水蒸气传热的一大优点。水蒸气加热能很好地保护烹饪原料营养素不受破坏或少受损失。水蒸气不具备水的溶解性能，加热过程中，可以保证呈味物质不致流失，保持新鲜烹饪原料的原汁原味。由于水蒸气不对烹饪原料产生翻转、冲动，有助于保持其形状。

3）加热时不易调味。由于水蒸气传热是在密闭环境中进行的，所以加热过程中不易调味。一般采取烹制前调味或烹制后调味的方法。

4）卫生清洁。以水蒸气作为传热介质，不会出现油烟污染环境的现象，不易产生有害物质，有利于人体健康，且菜肴质感老少皆宜，烹饪原料的营养成分也易于被人体消化吸收。

（4）干热气体 它是使用热源将空气、烟气加热，然后通过热对流，使高温气体再对烹饪原料实施传热的一种方式。它往往与热辐射同时进行，共同完成食物的熟化过程。空气传热方式除具备水蒸气传热均匀、稳定、迅速的优点外还有以下特点：

1）加热气体干燥，可以使被加热烹饪原料表皮干燥变脆，形成熏、烤食品独特的风味。

2）加热温度高，无温度上限。由于气体比热容很小，易升温，一般又无温度上限，因此可形成高温气体，适于高温加热的需要。

3）烟气传热可以使特殊呈香物质吸附在烹饪原料上，使菜肴成品形成特色风味。

（5）固体物（如盐、沙粒、泥巴等） 以固体作为传热介质依靠热传导受热、传热。这种方式原则上要求传热介质传热迅速或热容量较大，无毒、无害，方便易得，能形成某种风味特色。常见的有泥沙传热、石块传热、盐粒传热、竹筒传热等形式，如叫花鸡、盐焗鸡、竹筒烤肉等菜肴。以上传热方式的共同特点是：

1）受热均匀。一般操作时传热介质（如盐、沙粒）必须不断翻炒或埋没烹饪原料，这样才能使烹饪原料受热均匀。

2）菜肴成品风味独特，烹饪原料的香气和滋味不但密封无泄漏，有些还吸附包裹物的特殊香气（如竹筒、荷叶等的清香挥发物质）。

选择此种方法烹制原料，要防止固态材料（如泥、沙）对烹饪原料直接黏附和污染。加热时虽然温度原则上没有上限，但为了保证菜肴的质量，仍要控制好热源温度和加热时间。

4.1.2 烩、焖、熘、爆、煎的概念及技术要求

1. 烩

烩是指将多种易熟或初步熟处理的小型原料，一起放入锅内，加入鲜汤、调料，用中火烧沸出味、勾芡，制成汁宽芡浓成菜的烹调方法。烩制菜肴具有用料多样、汁宽芡浓、色泽鲜艳、菜汁合一、清淡鲜香、滑利爽口的特点。烩菜宜选用质地鲜嫩、极易成熟的原料，并且原料的刀工成型多为小件料，如片、丝、丁、粒、蓉等。

（1）烹调程序

1）加工处理。选用鲜香细嫩、易熟无异味的原料，经焯水初步熟处理后晾凉，再切配成相宜的丝、片、条、丁等规格。还有部分菜肴是先切配成型，经上浆滑油后再烩制。

2）烩锅烩制。炒锅洗净置中火，油下锅烧至三成热，放姜、葱炒出香味，掺入鲜汤烧沸出味，拣去姜、葱，加入原料、调料再烧沸入味，用水淀粉勾芡成菜起锅。

（2）工艺流程 选料→加工处理→炝锅→烩制→装盘。

（3）操作要领

1）烩制原料切配组合时，对主料、辅料的色、香、味、质感、荤素比例等方面，要作细致的安排，这样才能增强菜肴的风味特色。

2）对有些本身无鲜味和有异味的原料，如水发海参、鱿鱼等，可先用鲜汤煨制一下；有些不宜过分加热的原料，如番茄、蚕豆、菜心等，可在烩制的后期或起锅前加入；焯水或滑

油原料的熟处理，要控制在刚熟的程度为宜。

3）烩制的时间要迅速，原料经烧沸入味，调制的复合味定型后勾芡起锅，尽量缩短烩制的成菜时间，这样能增强鲜香味。勾芡的稀薄浓稠度，没有固定的标准，要根据菜的质感来调整，其浓稠度以食用时清爽、不掩盖原料色形为宜。

4）要根据原料的不同质地来决定投料的先后顺序。

5）烩菜与汆菜相比，烩菜原料多、汤较少，其汤与主料相等或略多于主料。

2. 焖

焖是指经炸、煸、煎、炒、焯水等初步熟处理的原料，掺入汤汁，大火烧沸，撇去浮沫，放入调料，加盖用小火或中火慢烧使之成熟并收汁至浓稠成菜的烹调方法。焖法制成的菜肴具有形态完整、汁浓味醇、熟软醇鲜或软嫩鲜香的特点。适合焖的原料主要有鸡、鸭、鹅、兔、猪肉、鱼、蘑菇、鲜笋等。焖的烹调方法根据色泽和调味的区别，有黄焖、红焖、油焖3种，但在方法上它们都是相通的。

（1）烹调程序

1）切配处理。焖菜应选择质地细嫩、鲜香味美、受热易熟的主料、辅料，切配规格是条、块和自然形态。各种初步熟处理方法要以原料的性质，以及菜肴在色、香、味、质感上的要求来选定，原料应控制在断生或刚熟的程度。

2）调味焖制。将经过初步熟处理的原料入锅掺入鲜汤，大火烧沸，撇去浮沫，加入调料烧沸，基本定味后，盖严锅盖，转小火慢烧至软熟。

3）收汁装盘。根据原料焖制前是否挂糊、含胶质轻重、菜肴软嫩质感的具体情况决定是否勾芡和收汁的浓淡。装盘要调剂好油分、芡汁和菜肴主料、辅料的比例。

（2）工艺流程 原料选择→切配→初步熟处理→调味焖制→收汁→装盘。

（3）操作要领

1）根据原料的不同质地，采用不同的方法进行初步熟处理。一般鱼、兔、鸡等原料宜炸制；豌豆、豇豆、四季豆、笋等原料宜滑油；鸭、鹅、猪肉等原料宜煸炒；莴笋、圆白菜、萝卜等原料宜焯水。

2）原料初步熟处理时，要掌握上色的深浅或保色的效果。一般黄焖以醇厚香鲜的咸鲜味为主；红焖以浓厚微辣的家常味为主；油焖以清香鲜美的咸鲜味为主。

3）焖制菜肴中如果使用豆瓣酱调味，应先将豆瓣酱炒香至油呈红色，再掺汤烧沸出味，撇去豆瓣酱渣才能放入原料焖制；花椒等香料应用纱布包好后使用，成菜后再拣去，这样才不致影响菜肴的清爽美观。

4）一般焖制时掺汤量以平齐原料为宜。如果焖制时间较长，可适当增加汤量；反之则应减少汤量。原料易熟的可用中火焖制，反之应用小火焖制。控制好焖制时的掺汤量、火力、时间，切勿中途加汤，同时还要防止粘锅、煳锅。要正确估计焖制的成熟时间，尽量减少揭锅盖的次数，以保证焖制菜肴的色、香、味。

3. 熘

熘是将切配后的丝、丁、片、块等小型或整型原料（多属鱼虾、禽类），经滑油或油炸、蒸、煮的方法加热成熟，再勾芡或浇汁成菜的烹调方法。熘的菜肴一般芡汁较宽。

熘的烹调方法，都要经过两个步骤才能完成：第一，所有熘菜的原料，都要经过滑油或油炸、蒸、煮等技法的熟处理，成为滑嫩、酥脆、外脆里嫩、外酥内软等不同质感的半成品；第二，熘的阶段，必须另起油锅，调制所需要的芡汁，再用相应的技巧给第一步骤的半成品挂好芡汁。

熘因技巧和操作方法的不同，可分为炸熘、滑熘、软熘3种。

（1）炸熘　炸熘是脆熘、焦熘、烧熘等的统称，是指将切配成型的原料，经码味、挂糊或拍粉后（或先蒸至软熟不挂糊、不拍粉），放入热油锅炸至外香脆酥松，内鲜嫩熟软，然后浇淋或粘裹芡汁成菜的烹调方法。炸熘的菜肴具有外酥香松脆、内鲜嫩熟软的特点。适合炸熘的原料主要有鱼虾、牛肉、羊肉、猪肉、鸡、鸭、鹅、兔、马铃薯、茄子等，要选用新鲜、无异味、质地细嫩的原料。

1）工艺流程：选料→原料初加工→切配→码味→挂糊或拍粉→油炸定型→调制芡汁→熘汁→装盘。

2）操作要领。

① 原料规格一致。需要剞花刀的条、块、整料剞刀时要适度，要保持形状完整，剞刀的刀距、深度及花形大小均匀一致。这样才能在炸熘时受热均匀，形态美观。

② 码味以基本咸味为准。应先将盐溶解于料酒后，再与原料拌匀，防止码味不匀。忌用含糖分和乙醇量高的醪糟、白酒、甜酒码味，糖分高的调料经高温油炸时上色深，易焦煳；白酒的乙醇含量高，挂糊拍粉后经油炸乙醇挥发不尽，食用时影响味感。

③ 控制好糊粉的干稀厚薄。糊粉过厚，会影响原料本身的质感和鲜香味；糊粉过薄，油炸时高油温会过分损失原料中所含的水分和鲜香味，影响原料酥脆的质感。挂糊的稠度以不损害原料形态完整为宜。为此，可先将主料用少量水淀粉拌匀，再逐块（片）滚蘸一层淀粉，然后再逐块（片）下锅炸，使原料达到最佳质感。

④ 控制好油炸时的温度。将上浆、挂糊的原料，先用中火温油炸至原料收缩定型、断生即可捞出。复炸时要用大火、高油温、使原料表面快速达到酥脆的质感。注意：原料拍粉后下锅前需将未粘裹牢的粉末抖下，使原料在油炸时粉末不致散落在油锅内焦化污染油。

⑤ 掌握好蒸制的成熟程度。码味后蒸制的原料多是家禽类，要掌握好蒸制的成熟程度，使蒸制品软熟。蒸好后再用高温的油炸至皮酥松，才能达到菜肴外酥内软熟的质感要求。

⑥ 肉糕（鸡、鱼、虾、兔、猪肉）蒸制前要先定好型，用中火蒸制熟透，晾凉后才便于改刀，沾微量稀薄的蛋清浆后，再裹淀粉（或面包屑），宜用中火，五至六成热的油炸制，

可达到皮酥内嫩的食用效果。

⑦ 不论浇淋或粘裹芡汁，都要迅速熘汁，成菜后不可停顿，及时上菜，保证菜肴脆嫩、鲜香的质感。

（2）滑熘　滑熘是指将切配成型的原料码味、上蛋清淀粉浆后，经滑油至断生，再烹入芡汁成菜的烹调方法。滑熘的菜肴具有滑嫩鲜香、清淡醇厚的特点。适宜于滑熘的主料都是精选后的家禽、家畜、鱼虾等净料。

1）工艺流程：选料→切配→码味上浆→滑油→熘制→下料定味→烹入芡汁→装盘。

2）操作要领。

① 原料改刀时要求原料断开，不能连刀，否则上蛋清淀粉浆后不易滑散。调制蛋清淀粉浆时要干稀适度，上浆时稀稠厚薄适当，并抖散后再放入油锅，有利于滑散原料。

② 注意炒锅、炒勺、盛具和操作时的清洁卫生，防止污染，影响菜肴色泽和口味。滑油要求色白、干净、无异味，防止外部因素污染菜肴的色泽和口味。

③ 鸡肉、鱼肉细嫩易碎，码味上浆后拌料的手法要轻柔一点。浆的稀稠度调制恰当。滑油时要把上浆后的原料分散或均匀地抖散，以保证形态完整，造型美观。

④ 一般滑熘原料都裹蛋清淀粉浆，其厚度比用水淀粉上浆略厚。滑油时蛋清为含的水分不能使淀粉完全糊化，因此，在调制芡汁时，鲜汤的用量要比用水淀粉上浆时用量多一些，烹制收汁成菜后，色泽会更加洁白，口感细嫩清鲜。

⑤ 芡汁内所需鲜汤，最好在芡汁烹入锅时同时加入，以防止鲜汤的高温将蛋清淀粉浆在入锅前就烫糊化了，影响芡汁的效果。

（3）软熘　软熘是将质地柔软细嫩或加工成半成品（也有固态状和流体状）的主料，先经蒸熟、煮熟或氽熟，再浇上芡汁成菜的烹调方法。软熘与滑熘的菜肴有异曲同工之妙，具有滑嫩清鲜的特点。适宜于软熘的原料主要有鱼、虾、鸡脯肉、兔肉、猪里脊肉、豆腐等。

1）工艺流程：选料→切配→熟处理→熘制→浇汁→装盘。

2）操作要领。

① 软熘要选择新鲜细嫩的原料，制作前一定要洗涤干净防止污染。辅料应与主料的质感搭配得当，要选用色鲜嫩、味鲜美、质细嫩的原料，如蘑菇、冬笋、菜心等。

② 软熘菜肴的形态要求美观大方。鸡、鸭整料，要在氽水时整理好形状；整尾鲜鱼，要根据菜肴要求剞好刀纹；鸡、鱼、虾、猪肉、豆腐等原料制成的蓉泥要没有颗粒。因此，原料整理的形状，剞刀的深度，泥糊蒸成糕状改刀后的片、条及制作的肉丸等，都不可改变其整体形状。

③ 调制泥糊要根据菜肴需要，掌握加水量，控制好稠度，调节好鸡蛋清、肥膘泥、淀粉、盐等调辅料的用料比例，使熘制后菜肴质感细腻滑嫩。蓉泥蒸制的糕状半成品，如鸡糕、虾糕、鱼糕等，应晾凉后再改成片或条状，避免热时改刀破碎。

④ 原料熟处理采用蒸、煮、汆的方法。蒸制的鸡鸭要达到软熟，鱼、蓉泥要控制在刚熟的程度；煮制的原料呈刚熟的程度；汆制要保证原料的本色不变，滑爽细嫩。

⑤ 软熘的原料熟处理后，都要用其原汁烹制成芡汁，再浇淋在原料上才能成菜。熘制芡汁要与原料熟处理的时间相互紧密配合，使芡汁烹制后立即浇淋在刚进行过熟处理的原料上，才不影响成菜的温度。要掌握芡汁用量与菜肴数量的配合比例，以保证菜肴口感滑爽，成型丰满。

⑥ 软熘芡汁的油脂不宜过重，才能突出软熘菜肴醇厚、鲜香、清爽的特色。

4. 爆

爆是指将原料剞成花形，先经沸水稍烫或用热油汆炸后再烹制，或直接在大火热油中快速烹制成菜的烹调方法。爆的菜肴具有形状美观、嫩脆清爽、紧汁亮油的特点。适宜于爆的原料多为具有韧性和脆性的猪腰、肚仁、肫、鱿鱼、墨鱼、海螺、猪肉、牛肉、羊肉等。

爆有油爆、葱爆、酱爆、芫爆、汤爆之分，它们的原料、刀工和制作方法基本相同。

（1）烹调程序

1）剞花成型。爆菜的原料一般都需要剞花刀，选料应厚大、形整。剞花刀要整齐划一，刀距、刀深要均匀，刀纹要深而不透，利于受热迅速和入味均匀。

2）上浆调芡。爆菜的大部分原料都要上浆，码出基础咸味。上浆时水淀粉宜干宜少，这样既不影响原料爆时分散翻花的美观形态，又能达到上浆后保持原料成菜脆嫩的质感。爆菜都要预先在碗里调好芡汁或味汁，爆菜的菜汁富有亮油包芡的特色，要掌握好汁水与水淀粉的比例，成菜后达到稠而不干、汁芡均匀、油亮滋润、散滑脆嫩、食毕盘内无余汁的要求。

3）油汆汤烫，有4种烹调方式：第一种，原料大部分上浆，油量为中油量（油与原料2：1），原料放入六至七成热油中，汆炸至翻花断生成型，沥油爆制成菜；第二种，原料不上浆，将原料放入滚沸的鲜汤内烫至翻花断生成型，捞出爆制成菜；第三种，原料不上浆，先将原料入沸汤内烫至翻花，再入热油内汆炸至断生成型，沥油爆制成菜；第四种，原料码味上浆，将原料放入六至七成热油中直接爆制成菜。

4）爆制烹汁。爆制烹汁有两种不同的方式：一种是将原料沥干油或水后，随即放入锅内用大火沸油快速爆制，放入辅料，烹入芡汁或味汁，收汁亮油，颠翻均匀，盛盘；另外一种是将原料沥干油或水后，锅内放适量热油，先将辅料煸炒一下，倒入芡汁推匀，再放入原料颠翻均匀，盛盘。

（2）工艺流程 选料→剞刀配料→码味上浆→调制芡汁→油汆汤烫→翻花断生成型→爆制烹汁→装盘。

（3）操作要领

1）刀工要严格按要求，运用不同的技法。由于爆菜用大火、高油温，加热时间短，必须将原料剞成花形，使之入锅爆时才不会黏结成团，易于入味、成熟。

剞刀时要根据原料的不同性质，采用不同的技法，如肚仁、鸡、鸭肫性韧，剞刀可深一些；猪腰剞刀后可在刀纹上搓压一下，由于猪腰细嫩，搓压能使刀纹深浅一致或加深刀纹，利于翻花成型。

2）辅料适当。由于爆制法成菜迅速，其辅料的数量不宜多，还要选择受热易熟，色、香、味、形富有特色的原料。

3）注意火候。爆制过程中，火候要"三旺三热"，即汤烫要大火沸汤，油汆要大火热油，爆制烹汁要大火热锅，才能与脆嫩、剞花、高温、速成诸要素相配合。

4）调好芡汁。应预先调制好溶有调料的味汁或芡汁，以便原料在汤烫油汆后，入锅爆制时烹入的芡汁能迅速裹上，达到菜肴稠而不干，油亮滋润，食毕盘内无余汁的要求。烹制芡汁时需掌握好以下3点：第一，调制芡汁要掌握好调味汁水与水淀粉的比例；第二，在汤烫油汆后要沥干水或油，才能入锅裹汁；第三，成菜时不淋明油或少淋明油。

芡汁和味汁在使用上，应根据原料是否上浆来掌握，原料未上浆，芡汁内的水淀粉宜多，反之宜少；味汁只能用于上浆原料的烹汁。

5）掌握好爆菜技巧。爆时原料下锅不断翻动，尽量使原料受热均匀，汤烫油汆、沥干、倒油、爆制、放辅料、烹芡汁、翻锅、起锅、装盘等动作，要准确而迅速，才能保证菜肴的质感。

5. 煎

煎是指以少量油加入锅内，放入经加工处理成泥、粒状的饼，或挂糊的片等半成品原料，用小火煎熟并两面煎至酥脆呈金黄色的烹调方法。煎法的成品具有色泽金黄，外酥脆内鲜嫩的特点，适用于猪肉、牛肉、鸡、鸭、鱼、虾、鸡蛋等原料。

（1）烹调程序

1）选料切配。煎制法的主料以禽畜、鱼虾为主，应选用新鲜无异味、滋味鲜香、质地细嫩的原料；辅料应选用富有色、香、味、质感特色的原料，如鲜豌豆、蚕豆、火腿、荸荠、冬笋等。切配以颗粒、肉泥及片、饼等规格为主。

2）调制挂糊。主料、辅料是颗粒、肉泥规格的原料，都要与鸡蛋、水淀粉、味精、盐等一起搅拌成半成品；主料、辅料是饼、片规格的原料，在临煎制前经酿馅（或不酿馅），在全蛋淀粉中拌匀或先粘匀面粉，然后放入鸡蛋液中拖一下，再进行煎制。有的菜肴拖鸡蛋液后，还要再粘一层面包粉。

3）煎制成熟。先将炒锅或专用煎锅洗净置大火上，放入植物油适量，晃动煎锅使油脂布满锅的底部，逐一将半成品做成大小相等的小饼，有序地排列在锅内（或将拖好鸡蛋液、拌好全蛋淀粉的片、饼，逐一放入锅内），用小火将两面煎至金黄酥脆后，调味。

4）调味装盘。调味的方式有4种：一是原料煎好滗去油脂，淋香油翻匀装盘，配椒盐、生菜上桌；二是原料煎好装盘，浇上烹调的复合味汁，如鱼香汁、茄汁、味汁等起锅装盘；

三是原料煎好后，锅内留适量油，烹入兑好的复合味汁翻匀起锅装盘；四是原料煎好后，锅内留适量油，放入调料，掺入鲜汤，加入辅料迅速烧沸入味，勾芡淋明油起锅装盘。

（2）工艺流程　选料→加工→调制（挂糊）→煎制→调味→装盘。

（3）操作要领

1）原料切配的颗粒要大小一致，不起碎渣，其颗粒大小在豌豆粒与绿豆粒之间，食用时才细嫩爽口，有原料的质感，能显现原料的颜色；片、饼的规格要厚薄均匀、大小一致，才不致影响菜肴的成熟程度和质感；肉泥原料要粗细相宜，挑去肉筋。

2）颗粒原料拌制的半成品，要加入适量的熟猪肥膘粒，以增加滋润醇香的口感；还要控制半成品的稀稠度，以做成饼后不易变形为宜；加入鸡蛋、水淀粉等原料，要调节好细嫩的质感，必要时可先试制少量样品，待符合标准或矫正后煎制。

3）饼、片原料所挂的糊，要控制好干稀厚薄程度。其干稀程度以入锅煎制时，糊在原料上不掉为好。厚薄的程度，以使菜肴煎制后有酥脆的质感，又不致影响菜肴原料的风味为准。

4）煎制前，原料和半成品的调味都属于基础调味，要突出鲜香味，宜淡不宜咸，为煎制后调味打下良好的基础。半成品的调制和饼片的挂糊时机，都应与煎制的时间紧密配合，原料才不致因调味渗透而使水分渗出，影响成菜的质量。

5）煎制时可用手铲将原料规整成型，要不时转动煎锅或原料，使火候均匀，受热一致。煎制时不宜统一翻面，应视原料情况逐一翻面煎制，才能保证煎制的质量。

4.1.3　勾芡的目的、方法及技术要求

芡，是用水把淀粉稀释成粉浆，又称为水淀粉。勾芡又称为着腻、着芡、打芡等，就是根据烹调要求在菜肴将近成熟时，将芡汁淋入锅内，使芡汁附着于原料上，或是在菜肴成熟装盘后，将熟芡淋入盘内，使菜肴汤汁具有一定稠度的调制工艺，它实质上是一种增稠工艺。

人们的味觉与食品的物理状态有关（如温度、黏度）。食品的物理状态并不能改变食品本身的味道，因为食品本身的味道取决于食品的化学成分或风味前体物质。通过勾芡可以增加汤汁的浓稠度，从而增加了汤汁与舌头的接触时间，来达到调味增鲜的目的。

1. 勾芡的目的与作用

勾芡的芡汁主要是用淀粉和水调成的，淀粉在高温的汤汁中能吸收水分而膨胀，产生黏性，并且色泽光洁、透明、滑润，因此，勾芡对菜肴可以起到以下作用：

（1）能使菜肴更加入味　勾芡可将菜肴中汤汁和主料、辅料的滋味很好地融为一体，尤其是汤汁较多的菜肴，勾芡后汤汁黏附于主料、辅料表面，可使主料、辅料和汤汁均具有鲜美滋味。菜肴或汤汁的浓稠度增加，均匀分散在舌头的味蕾上，增加和舌头的接触时间和接触面积，从而使人感到味美绵长。对于本来淡而无味又难以入味的一些主料、辅料，利用勾芡或使溶有呈味物质的汤汁黏附于主料、辅料上，可使其形成良好的滋味。

（2）增加菜肴的光泽　芡汁中的淀粉在加热到60℃以上时，便开始糊化变黏，形成特有的透明性和光泽度。由于光的反射作用，能把菜肴的颜色和调料的颜色更加鲜明地反映出来，使菜肴色泽更鲜艳，光泽更明亮，显得丰满而不干瘪，光润而不粗糙，有利于菜肴的形态美观。

（3）突出菜肴的风格特点　羹、汤在勾芡后，汤汁的黏稠度增大，可使主料、辅料不沉底，或悬浮于汤汁之中，或漂浮于汤汁表面，既增加美感，又突出主料、辅料。对一些外脆里嫩的菜肴，通常先将汤汁在锅中勾芡，再放入过了油的主料、辅料，或浇在已炸脆的主料、辅料上。由于卤汁浓度增加，黏性较强，在较短的时间内，裹在主料、辅料上的卤汁不易渗透到主料、辅料内部，从而形成了外香脆、内鲜嫩的风格特色。

（4）保持菜肴的温度　芡粉经糊化作用，形成一种溶胶，这种溶胶像一层保护膜一样紧紧地包裹住原料，降低了菜肴内部热量散发的速度，能较长时间地保持菜肴的温度。特别是有些菜肴需要趁热吃，勾芡在起到保温作用的同时，也起到了保质作用。

（5）减少营养物质的损失　在烹制过程中，主料、辅料中的部分营养物质受热分解，由大分子物质变为小分子物质，如多糖类和双糖类物质转化为单糖类物质，生成葡萄糖或果糖。大分子物质的分解和小分子物质的生成，虽然有利于人体的吸收，但是小分子的物质在水中溶解度大，另外水溶性的B族维生素、维生素C和脂溶性维生素A、维生素D等营养元素易大量从原料中析出，溶于菜肴汤汁中。经过勾芡之后，菜肴的汤汁变稠，那些溶于汤汁中的各种营养物质，会随着糊化的淀粉一起黏附在主料、辅料的表面，使汤汁中的营养成分得到充分利用，从而减少了营养素的损失。

2. 芡汁的分类及应用

芡汁可分为如下几类：

（1）按芡汁调制方法可分为兑汁芡和水粉芡

1）兑汁芡。兑汁芡是在烹调前用淀粉、鲜汤（或清水）及相关调料勾兑在一起的芡汁，待主料、辅料接近成熟时将其调匀倒入锅中。兑汁芡使得烹制过程中的调味和勾芡可同时进行，常用于大火速成的爆、炒、熘类菜肴的制作。它不仅满足了快速操作的要求，同时也可事先尝准滋味，便于把握菜肴味型。

2）水粉芡。水粉芡即用干淀粉和水调匀的芡汁。它与兑汁芡的区别就是不加任何调料，兑制比较简单。关键是要搅拌均匀，不能使粉汁带有小的颗粒和杂质。水粉芡多用于烧、扒、烩、焖类菜肴的制作。因为这些烹调方法加热时间较长，可在加热过程中逐一投入调料，并在主料、辅料接近成熟时，淋入水粉芡。

（2）按芡汁的色泽可分为红芡和白芡　红芡就是在芡汁中加一些有色的调料，如酱油、番茄酱等；白芡就是芡汁中不加入有色调料，而以盐、味精等为主。

（3）按芡汁的浓度可分为厚芡和薄芡

1）厚芡是芡汁中较稠的芡，经勾芡后，成品中的汤汁浓稠或汤汁较紧。按浓度的不同，又可分为利芡和熘芡两种。

① 利芡，又称为油爆芡、包芡，芡汁的量最少，稠度最大，主要适用于油爆类菜肴，如油爆双脆、宫保鸡丁等菜肴。成品芡汁黏稠，能够互相粘连，盛入盘中堆成型而不滑散，食后盘内见油不见芡汁。

② 熘芡，又称为糊芡，浓度比包芡略稀，主要用于熘、烩类菜肴，如糖醋鱼、焦熘肉片、烩乌鱼蛋等菜肴。用于熘菜，则成品盛入盘中有少量的卤汁滑入盘中；用于烩菜，则使汤菜融合、口味浓厚。

2）薄芡是芡汁中较稀的一种，按其浓度不同又可分为流芡和米汤芡两种。

① 流芡，浙江称为杨柳芡，四川称为二流芡。所用淀粉汁较稀，用此芡可使菜味厚，光泽好。成品菜肴盛入盘中，要求一部分芡汁粘在菜肴上，一部分流到菜肴的边缘。常用于扒、烧、烩、熘类菜肴，如白扒鱼肚等。

② 米汤芡，又称为清二流芡、薄芡等，是芡汁中最稀的一种，浓度最低，似米汤的稀稠度，主要作用是使多汤的菜肴及汤水变得稍稠一些，以便突出主料、辅料，口味较浓厚，可用于酸辣汤等汤品或菜肴中。

3. 勾芡的方法

勾芡的方法，一般有烹、淋、泼3种。

（1）烹入法　在主料、辅料接近成熟时放入芡汁（或兑好调料的芡汁），然后连续翻勺或拌炒，待淀粉糊化，均匀地裹在菜肴上即出锅，适用于爆、炒、熘等烹调方法，多用于需大火速成、需勾厚芡的菜肴。

（2）淋入法　在菜肴即将成熟时，将芡汁缓缓淋入锅中，边淋入边晃动炒锅。淋完再轻轻推动原料使芡汁分布均匀，见芡汁糊化即出锅，适用于烧、扒、烩、煮等烹调方法制作的菜肴。

（3）泼浇法　将调料、淀粉汁和水一起下锅加热至浓黏时，均匀地泼浇在主料、辅料上即可。适用于熘或扒等烹调方法制作的菜肴，那些体积大、不易在锅中颠翻、要求造型美观的菜肴适用于这种方法。

4. 勾芡的操作要领

（1）勾芡的时机要恰当　勾芡必须在菜肴即将成熟的时候进行。过早或过迟均会影响菜肴质量。勾芡必须在汤汁沸腾后进行，否则淀粉不易糊化，芡汁不黏不稠，起不到勾芡的作用。勾芡过迟则会延长加热时间，使菜肴嫩度降低。另外，勾芡后菜肴在锅中停留时间不能过长，见芡汁糊化即出锅，否则汤汁易粘锅底产生焦煳味。要保证菜肴的质量，就必须掌握好恰当的勾芡时机。

（2）芡汁用量要准确　各种菜肴因原料数量和成菜要求不同，烹调时所需芡汁的多少也不同。有时，还要两道、三道，甚至四道同样的菜肴一起烹调。这样，调制芡汁时就要做到心中有数。所谓“心中有数”，主要还是指烹调的经验，当芡汁泼入加热的原料中时，要不多不少，恰到好处。如果过少，包裹不住原料，而且味道也会轻淡；如果过多，芡汁外溢，味道就会浓重，影响口味。各种菜肴所需芡汁的多少也有区别。

（3）勾芡的汤汁稀浓适度　勾芡必须在菜肴汤汁适量时进行。任何需要勾芡的菜肴，对汤汁多少都有一定的要求，如爆、炒类菜肴要求汤汁很少；烧、扒、烩类菜肴要求汤汁必须适量等。汤汁过多或过少时勾芡都难以达到菜肴的质量要求。所以发现锅中汤汁太多时，应用大火加热收汁或舀出一些汤汁；汤汁过少，则需添加一些。但添加汤汁时，要从锅边淋入，不能直接浇在主料、辅料上，否则易造成色彩不匀、浓淡失调等现象。

（4）确定菜肴的色泽和味道后再勾芡　勾芡必须在菜肴确定好色彩和调准复合味后进行。因为淀粉糊化后，卤汁浓稠，特别是芡汁较厚的一些菜肴，芡汁对调味料有阻碍作用，调料很难进入原料中，即使部分进入，也很难均匀化，如果添加的是固体调料，更无法均匀地进入原料中，反而会造成色泽味道出现偏差不匀的现象。所以勾芡后再调色、味，调料很难均匀分散，不易被菜肴吸收，还会影响菜肴的造型等。勾芡一般与调料同时添加或在调料调配准确以后进行，除爆炒菜因加热时间很短，而将调料与芡汁一起下锅勾芡外，其他菜肴都是在各种调料投放并调匀以后才进行勾芡的。

（5）芡汁入锅需均匀　勾芡必须将芡汁均匀地淋入菜肴原料之间的汤汁中，同时采用必要的手段，如晃锅、推搅等手法使芡汁分散，否则淀粉入锅即凝固成团，无法裹匀原料，影响菜肴质量。

（6）灵活运用勾芡技术　勾芡虽然是改善菜肴口味、色泽、形态的重要手段，但并非每个菜肴都必须勾芡，而应根据菜肴的特点和要求灵活运用。有些菜肴根本不需要勾芡，如果勾芡，反而降低了菜肴的质量。如要求口感清爽的菜肴（清炒豌豆苗、蒜蓉荷兰豆等）勾芡便失去了清新爽口的特点；主料、辅料质地脆嫩、调味汁液易渗透入内的菜肴（干烧、干煸类菜肴），勾芡反而影响这些菜肴的质感；主料、辅料胶质多、汤汁已自然稠浓的菜肴也不需勾芡；菜肴中已加入黏性调料的（黄酱、甜面酱等），也不需要勾芡。所以鉴别菜肴在制作时是否需要勾芡是很重要的。

4.2　冷菜制作

1. 冷菜的概念及特点

冷菜，又称为凉菜、冷盘、冷拼、冷碟等，是指经过加工或刀工处理的动、植物性原料，进行热制冷食或凉制冷食的菜肴。热制冷食，泛指经烹调成菜静置晾凉，再进行矫味装盘；或加热熟制后晾凉，经装盘调味成菜。凉制冷食是指原料不加热熟制，仅经腌渍、调味装盘而成的菜肴。冷菜具有用料广泛、菜肴丰富、味型多样、色泽鲜艳、造型美观等特点。在宴席和便餐中都占有极其重要的地位。

2. 冷菜的地位及作用

1）冷菜不论在高级宴席上，还是普通宴席上，均是与就餐者见面的第一道菜，是整个宴席的“开路先锋”和“脸面”，它的好坏，直接影响就餐者对整个宴席的第一印象，影响宾客的就餐心理，影响宴席的质量和气氛。

如果冷菜的色、香、味、形、质、器、艺术性俱佳，可给予宾客心理上、生理上良好的刺激和美的意趣，形成良好的第一印象，产生强烈的进食欲望和兴趣，达到完美的宴席气氛。否则，即便后边菜的质量再好，也会影响宾客对整个宴席的评价。

2）冷菜由于具有干香、脆嫩、爽口不腻等特点，是宴席中的佐酒佳肴。可使宾客在宴席充满期待，为热菜上桌奠定良好的基础。

4.2.1 热制冷食菜肴的制作要求和方法

1. 热制冷食菜肴的制作要求

（1）制作特点　热制冷食菜肴在烹制方法上与热菜的烹制方法基本相似，绝大多数都是热菜烹调方法的衍生变化，主要具有不勾芡和无汤汁两大特点。

1）不勾芡。热制冷食菜肴在烹制过程中，不能勾芡，否则装盘后盘面不清爽，食用时口感很黏糊。

2）无汤汁。热制冷食菜肴要求卤汁被原料充分吸收，即使是浇汁菜肴，也要求卤汁必须紧包原料，不能有汤汁溢出。

（2）调味要求　冷菜在选料上要求很高，严禁使用有腥味、异味和不新鲜的原料。由于人的味觉在30℃左右最敏感，而冷菜正常食用温度在10~20℃，有的还必须放在冰箱中储存，食用温度更低。因此，在调味时冷菜的调料用量比热菜要稍多一点。

冷菜所呈现的香味特点也与热菜有明显的差异，热菜的香味是随着热空气的扩散而扩散的，而冷菜的香味必须在咀嚼时才能感知，即所谓“越嚼越香”。因此，冷菜要求香味渗入原料内部，也正是这个原因，许多冷菜在制作时，为了增加菜肴的浓香度，常加入香料进行烹制。

（3）卫生要求　热制冷食菜肴在切配、装盘和储存时要注意卫生控制。

1）切配的刀、砧板、抹布等必须保持清洁，且生熟严格分开。

2）盛装的餐具必须经过消毒，保持清洁、干燥。

3）在储存冷菜时，不能将其暴露在空气中，应用保鲜膜将其封好。根据季节和室温的不同，可将冷菜放入冰箱或保鲜柜中储存。

4）在使用冰箱或保鲜柜保储冷菜时，成熟菜肴必须与半成品、生料严格分开，不能混放在一起，以防交叉污染。

2. 热制冷食菜肴的制作方法

冷菜烹调是烹调技术中的重要组成部分，是具有独到风格特点的菜肴制作形式，冷菜与热菜烹调略有不同，即热菜是先切配后烹调，而冷菜大多是先烹调后切配。

冷菜根据不同品种的要求，在烹调方法上，除必须达到干香、味厚、嫩脆清香、少汤、爽口不腻的要求外，还要做到“味深入骨，香透肌里，咀嚼有味，品有余香”等要求。

热制冷食菜肴的烹调方法较多，常用的有：热炝、卤、酱、冻、熏、酥等几种。

（1）热炝 热炝就是将加工成丝、条、片、丁等形状的小型生料，用沸水烫至断生或用温油滑熟后捞出，沥去水或油，趁热或晾凉后，加入以盐、味精、高热花椒油为主的调料而制成菜肴的一种烹制方法。

热炝类菜肴适应面广，刀工讲究，成品具有鲜香脆嫩、清爽利落的特点。

热炝类菜肴根据原料的处理及成品的特点，一般分为水焯炝、油滑炝、焯滑炝3种。

1）水焯炝。水焯炝又称为普通炝，是将上浆的肉类原料或蔬菜类原料，用沸水焯至断生，捞出沥去水，加入调料拌匀成菜的方法。水焯炝的菜肴应以质地脆嫩、含水量较低的动、植物原料为主，水焯时间不宜长，水必须保持沸腾状态，原料焯至断生，保持脆度和嫩度即可。

2）油滑炝。油滑炝是将主料用适量的盐、料酒等腌渍，再用淀粉、蛋清上浆拌匀，然后用温油滑熟，沥去油，加入调料拌匀成菜的方法。油滑炝的菜肴适宜质地脆嫩的动物性原料。原料改刀必须均匀，滑油时要严格掌握好温度和时间，避免原料出现不熟、过火或生熟不匀等情况。

3）焯滑炝。焯滑炝是将用沸水焯后和用温油滑过的两种以上的原料，用调料拌匀成菜的方法。焯滑炝是水焯炝和油滑炝的结合运用，其原料大都是荤素搭配，颜色也各异。

除上述3种熟料的炝法外，还有将生活原料直接加调料炝制食用的，这种炝法单一，仅适用于鲜活的虾类原料，如炝活虾。

（2）卤

1）卤的概念与特点。卤是指将原料水焯或油炸之后，放入配有多种香料、调料的特制卤汁中，先用大火烧开，再改用小火慢慢卤透，使卤汁滋味逐渐渗入原料内部直至熟烂成菜的烹制方法。卤制菜肴多用动物性原料，也适用部分植物性原料，如豆制品等。其特点是鲜香醇厚、五香气味扑鼻。红卤制品油润红亮，白卤制品洁白清爽。

2）卤的种类与操作方法。卤的关键在于调制卤汁，卤汁又称为卤汤。调制卤汁使用的各种香料和调料的分量比例必须适当，否则所卤的食物味不香色不佳。卤过食物的卤汁要保存老卤备下次使用，下次使用卤汁不足时，还要适当增加香料、调料和水，卤汁越陈香味越浓，所卤食物也就越鲜美。卤汁的配制，需用多种香料及调料，香料有的多至20余种。

3）卤的操作要点。

①初加工操作要严格，保证原料在色、味、形等方面的质量。卤制原料应选用新鲜细嫩、滋味鲜美的原料。操作过程中保持清洁卫生。

②卤制原料，其体积不宜过大，原料的规格以达到本身需要的成熟程度时，原料味透为准。

③投料的先后次序要适当。几种不同的原料可以在同一锅内卤制，但要根据原料的不同质地及所需加热时间的长短而先后投料，以保证成熟一致。如牛肉、口条、鸭肉一起卤制，应先下牛肉，再下口条，最后下鸭肉。

④火力运用恰当。卤制品的原料一般块头大，加热时间较长，因此，原料下锅后先用大火烧沸，再改用小火煨煮，火力以保持卤汁沸而不腾为准。

⑤为了使卤制菜肴成品的色泽红润，香透入味，原料卤制前可先进行上色处理，如入糖色。

⑥加入卤汁的香料和红曲米，须用纱布包起来，以防散入汤汁中，沾到卤制成品上，影响口感和外观。

4）老卤的调理和储存。经常制作卤制品，老卤的调理与储存很重要，它直接关系到菜肴的质量。

①卤汁要专卤专用。肉、动物内脏、豆制品等切不可同卤。

②卤汁使用一段时间后，应根据需要添加鲜汤和更换香料，以增加卤汁的浓度和始终保持恒定的浓郁香味。

③参照制清汤的方法，可用鸡泥、里脊泥除去卤汁内的杂质，以保证老卤的纯净和卤制品的光洁。

④要注意保存好老卤，不使其污染而发酵变质。原料卤好捞出后，应补足卤汤的咸味和卤汁量，撇去过多的卤油，捞尽骨渣碎肉和杂质，烧沸后倒入烫洗后的原盛装专用器皿内，静待其自然冷却，不可搅动。盛装老卤宜用陶瓷器皿，不宜用铁制器皿。

⑤卤汁长期不用时，要经常烧沸、清卤、晾凉，以免发酵变质。

（3）酱　酱是指将经腌渍或焯水后的半成品，放入酱汁中烧沸，再用小火煮至酥软捞出，再将酱汁收浓，淋在酱制原料上，或将酱制原料浸泡在酱汁内的烹调方法。酱制的菜肴具有酥烂味厚、浓郁咸香的特点，适用于鸡、鸭、鹅、猪、牛、羊及其内脏等原料。酱制的烹调方法北方运用较多，但有些地方，卤与酱往往不加区别，故二者时常并称为酱卤。

1）酱的制法。先将原料初步加工，用盐或酱油腌渍，或者进行焯水处理，以除去血腥异味。放入以酱油为主，用八角、桂皮、草果、丁香、陈皮、甘草、小茴香、砂仁、豆蔻、白芷、姜、葱、花椒、盐、白糖、绍酒、味精等香料和调料调制的酱汁中，大火烧沸，撇去浮沫，再用小火煮至软熟酥烂捞出，取部分酱汁用微火或小火熬浓，淋在酱制品表面上，或煮至软熟酥烂后，再将酱制品浸泡在原酱汁内，随用随取。

2）酱汁的调理和保存。酱汁的质量对酱制菜肴的风味特色有直接的影响。酱汁每次用完之后，必须煮沸晾凉，妥善储存，多次或延续使用，使用次数越多，时间越长，醇香鲜香的浓厚度也越高。长期反复保存使用的酱汁，称为“老汤”。用老汤酱制的菜肴，要比用新酱汁的效果好。用老汤酱制原料时，也要酌加香料、调料，以保持酱汁的香鲜滋味和酱制菜肴的色、香、味。调制酱汁所用的香料、调料用量要适当，如果原料快软熟时，发现色、香、味过浓或过淡时，再稀释或追加香料、调料，其效果不好，要掌握好酱制的火候，一般应以小火或微火长时间酱制，使原料熟烂不糜，味道醇厚。酱制好的菜肴应浸在撇净浮油的酱汁中，以保持新鲜，避免发硬和干缩变色。

（4）冻 冻就是将富含胶质的原料放入锅中加水慢慢煮烂，使其充分溶解成较稠的汤汁，经过滤后，浇入已加工成熟的原料中，待其自然冷却凝固成冻的一种烹制方法。有的汤汁清澈见底，凝固后晶莹透明光洁，又称为“水晶”。冻制品的冻汁多用猪肉皮、琼脂、明胶、食用果胶或其他带有胶质类的原料制成。冻制菜肴具有晶莹透明、软嫩滑韧、清凉爽口、造型美观的特点。

1）冻汁的熬制。

①皮冻汁。选择新鲜无异味、无绒毛、洁净、质地细密的猪背皮和猪后腿皮，用镊子夹去残毛，片净肥膘，放在热水中反复刮洗，去尽油脂和污垢，然后放入沸水中烫透捞出，趁热切成薄条，用热碱水搓洗3~4次，再用热水冲洗干净，而后放入清汤或清水中，用小火长时间慢熬（为了增香和增大明胶的浓度，可加入焯水后的鸡脚、鸭脚、鸡腿骨），并随时注意撇去表面的浮沫，一直熬至肉皮软烂不能受力且汤汁有黏性时，冻汁即熬好，待冷却后即成明胶。

②琼脂冻汁。琼脂也称为琼胶、冻粉、洋粉，是从海生红藻类植物的石花菜、江蓠等中提取的胶质，经冻结、干燥而成的。琼脂不溶于冷水，但能溶于热水，琼脂是高分子化合物，虽不能溶于冷水，但在冷水中能发生溶胀作用，使琼脂体积胀大。在熬制或蒸制琼脂前，一般要先将琼脂浸泡在冷水中，使其充分吸水，以便于加热后迅速溶化。配比恰当是冻制菜肴具有良好风味的重要因素。如果水过少，则似橡胶般发硬，没有弹性，需要加水再熬制；若水过多，会出现没有凝固或虽然凝固了但没有弹性，应继续加热蒸发水分。鉴别琼脂液是否熬好时，可将熬制黏稠的琼脂液滴在指甲上，如果很快凝固成坚牢、晶亮、弹性好的固体，说明琼脂熬好了。

2）操作要点。

①熬制冻汁的关键是要掌握好浓度，形成凝胶必须具有一定的浓度，如浓度过高或过低

就会无法凝固。

②肉皮与琼脂的性质是不同的，熬制琼脂冻汁时，如果水不足可中途加水；而熬制肉皮冻汁时中途不宜加水，最好一次性将水加足。

③火候以小火为宜。

④熬好后的冻汁中加入的盐或糖量不宜多，适量即可，以保证菜肴口味清淡。

⑤在整个制作过程中，不要接触酸性物质和蛋白酶含量丰富的原料，因为明胶对酸、酶较为敏感。

⑥选用的炊具要干净无油，以铝锅和不锈钢锅为宜，可保证凝胶晶莹透亮。

3）冻的种类。冻的成品按口味可分为咸、甜两种；按色泽分为清冻、混冻两种。咸的多用于以猪肘、鸡、鸭、虾、鸡蛋等原料为主制成的冷菜，在冻料的使用上，多以猪的肉皮为主，其次为琼脂，熬制时多用清汤或清水；甜的多用于干果、鲜果为主制成的冷菜，冻料只用琼脂，熬制时用糖水。清冻不使用酱油等有色调料，而以盐为主进行适当调味，而且在冻汁熬成后，挑出肉皮再进行冷却，这样制作的冻，色白透亮，明澈晶莹；混冻在制冻时使用酱油等有色调料，一般不挑出肉皮，因其色重汁混，故称为混冻。

4）冻汁的运用。冻汁熬制好以后，根据菜肴的品种只需要作适当的调节就可直接用来制作菜肴。需要调节的有两个方面的问题：第一，冻汁的浓度，要根据菜肴的需要调节好冻汁的浓稠度，以保证凝胶的成型；第二，皮冻汁的透明程度，即冻汁是否去掉肉皮渣，这也要根据菜肴的需要来决定。

制作菜肴时，根据加入冻汁中的原料的不同，其冻法的运用也不同，主要分为以下两大类：

①直接利用主料所富含的胶质，经较长时间熬煮后，再冷却凝结而成。这类菜肴不加任何其他原料，只需加适当的调料，冷却后即成。

②在菜肴制作过程中加入胶质添加料。如肉皮、肉皮冻、琼脂冻汁、食用明胶等，其具体运用又有如下3种：第一，在冻汁中加入液体状的原料，这类原料必须在冻汁加热过程中冲入、搅匀，使原料成熟后均匀地溶于冻汁中，然后调味，冷却定型后成菜；第二，在冻汁中加入固体状的原料，这类原料必须是事先经过刀工处理和热处理后的丝、丁、片、条和花形原料，经热处理后的原料必须晾凉后才能加入冻汁中，最后待冻汁晾凉而成菜，这类菜肴讲求造型，需要一定的制作工艺；第三，把冻汁当成胶凝剂，利用成冻后的感官特征而制作的水晶系列菜肴。

5）冻制类菜肴的成型方法。最常见的一种是原料与冻汁混匀，然后倒入平盘中冷却，经刀工改成块状装盘。另一种是分层制作，待先入模的一层冷却至十分浓稠时，再加上后入模的一层冻汁，此方法可制作多层叠起的菜肴。还有一种特殊造型法，可制作出花形众多的冻制菜肴，先将浓稠的冻汁倒入器皿中达一定厚度，然后将加工好的主料放在冻上，一般要拼摆出一定的造型，再轻轻倒入另一部分浓稠的冻汁，冷却后脱模而成，这种方法通过冻汁的透明性，可以展现各式造型，具有工艺性强的特点。

（5）熏

1）熏的概念与特点。熏是指将腌渍入味的生料或经过蒸、煮、炸等热处理的熟料，放入熏制的容器内，利用熏料封闭加热后不完全燃烧而炭化生烟的原理，使之吸附在原料表面，以增加菜肴烟香味和色泽的一种烹制方法。常用的熏料有茶叶、大米、锅巴、柏枝、花生壳、核桃壳、木屑、稻草、锯末、糖等。

熏制菜肴选料广泛，禽、鱼、肉、蛋、豆制品均可。原料可整熏，也可切成条、块状熏制。其特点是成菜色泽红黄、烟香浓郁、风味独特。

2）熏的种类。熏制菜肴，因原料生熟不同，分为生熏和熟熏。

①生熏是指烟熏前制品是仅经过腌渍入味的生料，熏后直接食用或熏后再经热处理制成菜肴的烹制方法。

②熟熏是指原料经腌渍入味和初步热处理后，再行熏制成菜的烹制方法。

此外，有些以熏制为名的菜肴，并不直接经过熏制，而是以先炸后烹熏汁或趁热入熏汁中翻拌的方式制成的，口味类似熏制的风味，其做法如同卤浸和北方热菜的清烹制法。

3）铁锅熏制的操作要求。

①先将要熏的主料晾干表皮的水，然后趁热码在篦子上，逐个摆开，不可重叠。

②熏料可用一种，也可数种同时使用，如选用茶叶时最好先用开水冲泡一下，捞出再使用，味道更佳。

③在锅内撒入糖、茶叶、锯末等熏料后，将摆好主料的篦子端入锅中，封闭盖紧，以防跑烟。

④严格控制火候和掌握熏制时间，烧至冒青烟时要及时转小火，否则色泽过重，会使主料带有煳味。熏制的时间一般从冒烟开始熏10分钟即可。生熏的火候应小于熟熏，时间要比熟熏稍长些。

⑤将主料取出及时刷匀香油即成，也有不刷香油而是浸泡在卤汁中的。

（6）酥

1）酥的概念与特点。酥是指将原料或油炸的原料放入以醋、糖和酱油为主要调料的汤汁中，先用大火烧开，再改用小火长时间煨焖，使其酥烂制成菜肴的烹制方法。适宜酥制的原料有很多，鱼、肉、蛋、部分蔬菜均可酥制。酥制菜肴成品的特点是骨酥肉烂、口味咸甜酸适度、鲜香不腻。

2）酥的种类与操作要点。酥有软酥和硬酥，原料经过油炸的叫硬酥，不经过油炸的叫软酥。酥制的操作要点如下：

①酥制的重要环节在于调制酥汤汁。酥汤汁一般由醋、白糖、酱油、汤（或水）、盐、

料酒、香油、葱、姜等，各调料的投放比例要根据菜肴量而定。

②要掌握好火候和加热时间。先以大火烧开，撇去浮沫后改用小火慢焖，保持微沸状，不可大沸，避免火候过大使主料破碎，时间要足，以原料酥烂为度。

③酥制时锅底必须用竹篦垫底，以防主料被烧焦而影响菜肴的色泽和口味。

④菜肴口味要平和，咸、甜、酸适度，要求成品无汤少汁。

4.2.2 什锦拼盘拼摆要求

1. 什锦拼盘的工艺要求

（1）食用性　任何什锦拼盘的组配目的都是提高菜肴的食用价值，通过各种手法使菜肴造型更美观、色彩更和谐，同时也增加了菜肴的技术含量，提高了菜肴的营养价值。

如果菜肴因为追求造型和色彩，而使菜肴的口味受到影响，甚至使菜肴的卫生和营养受到污染和破坏，那么就违背了什锦拼盘制作的原则。

（2）卫生性　什锦拼盘制作工艺复杂，加工时间也相对较长，受污染的可能性也相对增大，所以在组配拼盘时卫生要达标，要注意洗手和消毒。同时，应提高制作的速度，尽量控制在30分钟左右完成。

（3）操作性　什锦拼盘的设计和开发必须从实用的角度出发，要适应餐饮市场的需求。不能因为工艺烦琐而影响其他菜肴的正常生产，更不能将什锦拼盘做成能看不能吃的摆设。

什锦拼盘要与企业的实际情况结合起来，在企业规模、生产能力允许的情况下合理选用什锦拼盘，使艺术性、食用性、操作性融为一体。

2. 什锦拼盘的拼摆原则

（1）整齐划一　整齐划一是对刀工和拼摆而言的，是指原料切成的片或块要大小一致、厚薄均匀，拼摆的间距要整齐划一，拼成菜肴的造型要高低相等、对称均衡。

整齐划一是什锦拼盘的重要基本功，如果忽略整齐划一，则不能很好地掌握拼摆要领，也不能拼摆出令人满意的造型。

（2）口味分明　什锦拼盘一般由多种原料构成。在选择拼摆原料时，一定要考虑口味的多样性，尽量避免将相同口味的原料拼摆在同一图案中。

拼摆时，要根据原料的口味特点进行合理分布，特别是带卤汁原料的摆放，要防止原料相互串味，影响菜肴口味和色泽。

（3）构图均衡　什锦拼盘的构图特点是对称均衡，图案都比较规整，如方形、圆形、菱形、弧形等。因此，在拼摆时要考虑这一构图特点，使什锦拼盘美观和谐。

此外，象形图案的拼摆须采用几何造型的方法进行拼摆，如蝴蝶形图案冷菜，不能采用花色冷拼的方法进行拼摆，只能用对称的菱形或扇形组合而成。

（4）次序有别 拼摆的原料既有动物性原料，也有植物性原料，在拼摆时它们的拼摆次序是不同的。由于动物性原料在拼摆后不易变形，而植物性原料尤其是调味之后的植物性原料，在拼摆后容易渗水变形，因此通常先摆放动物性原料，后摆放植物性原料。

3. 什锦拼盘拼摆的基本方法

（1）弧形拼摆法 弧形拼摆法是指将切成片的原料，依相同的距离，按一定的弧度，整齐地旋转排叠的一种拼摆方法。这种方法多用于一些几何造型（如单拼、双拼、什锦拼盘等）、排拼（如菊蟹排拼、腾越排拼等）中弧形面（扇形面）的拼摆，也常用于景观造型中河堤（湖堤、海岸）、山坡、土丘等的拼摆。

（2）平行拼摆法 平行拼摆法是将切成片的原料等距离地往一个方向排叠的拼摆方法。在什锦拼盘造型中，根据原料拼摆的形式及成型效果，平行拼摆法又可分为直线平行拼摆法、斜线平行拼摆法和交叉平行拼摆法3种拼摆形式。

1）直线平行拼摆法就是将片形原料按直线方向平行排叠的方法。这种方法多用于呈直线的什锦拼盘造型中，如“梅竹图”中的竹子、直线型花篮的篮口、直线形的路面等。

2）斜线平行拼摆法是将片形原料往左下或右下的方向等距离平行排叠的方法。景观造型中的“山”等多采用这种方法进行拼摆。用这种方法拼摆而成的“山”，更有立体感和层次感，也更加自然。

3）交叉平行拼摆法是将片形原料左右交叉平行（等距离）往后排叠的方法。这种方法多用于器物造型中的编织物品的拼摆，如花篮的篮身、鱼篓的篓体等。采用这种方法进行拼摆时，原料多整修成柳叶形、半圆形、椭圆形或月牙形等，拼摆时所交叉的层次视具体情况而定。

（3）叶形拼摆法 叶形拼摆法是指将切成柳叶形片的原料拼摆成树叶形的方法。这种方法主要用于树类的拼摆，有时以一片叶或两片叶的形式出现在什锦拼盘造型中，与各类花卉相结合；有的什锦拼盘造型中则以数瓣组成完整的一片树叶形式出现。

（4）翅形拼摆法 鸟的种类不同，外形也就不同，但它们翅膀的形态、结构和生长规律是相同的。因此，在以鸟类为题材的什锦拼盘造型中，拼摆鸟类翅膀的方法也是相近的。

在翅膀的拼摆过程中，对原料的选择（色泽和品种）及所拼摆的层数，要根据具体什锦拼盘造型而定。有的鸟类的翅膀较宽，那么拼摆的层数就多一些；有的鸟类的翅膀较窄，那么拼摆的层数则少些。

4. 什锦拼盘拼摆的手法

（1）排 排是将切好的原料，平排或叠排成行置于盘中的拼摆手法。在什锦拼盘造型中，这是应用最广泛的一种手法。用排的手法拼摆出的什锦拼盘要求边齐面平，有的适宜排成锯齿形，有的适宜逐层排，有的配色需要间隔排，有的需要平展，有的需要弯曲，有的需要大跨度，有的则需要小距离，总之，排列得好坏直接影响造型的成败。

（2）堆 堆是将丝、片状的原料堆摆在盘中的拼摆手法。堆可以堆出多种形状，如宝塔形、假山形、三角形等。这种手法简便、自然、适应面广，常用于垫底。堆摆的形态，看起来丰满、实惠、富有立体感。另外，在主体造型的衬托部分，也可利用其自然的特点，在一些主体拼盘中，堆积成“山”“石”“花坛”等形状。堆的材料一般要求用干制的、黏性的或水分不重的菜肴堆积，否则容易坍塌。

（3）叠　叠是把切好的原料一片片整齐地叠成梯形或瓦片形的拼摆手法，通常以薄片为主，切一片叠一片，随切随叠，叠大多使用无骨有韧性、脆性的原料。叠的手法多用于鱼鳞、鸟羽的拼摆。叠时要求落手轻巧，不要弄塌垫底，也不能碰坏已叠好的原料，覆盖要严密，不能露出垫底。

（4）覆　覆又称为扣。覆是将原料排列在盛器中或刀面上，再反扣在盘面或菜上。此方法有简有繁，简覆就是覆盖，它是将盘面装好之后，再用质量比较好、价格比较高的原料覆盖其表面，用于菜肴的点缀或表明菜肴的等级。繁覆就是把原料加工成型，排列在造型模具或扣碗中，浇上卤汁或冻汁，同时进行必要的装饰，待原料入味成冻后再倒扣入盘中，使其形成美丽的图案，如水晶鸭掌、梅花凤舌、蚕丝鸡冻等。

（5）贴　原料用多种刀工处理成不同形状，拼摆在构成大体轮廓的冷盘上，此方法称为贴。贴的手法大多用于立体造型的花色冷盘，如动物的皮毛、植物的外衣、鸟类的羽毛和它们的眼、鼻等。贴是花色冷盘最基本、最常用的技法，需要有较高的刀工和雕刻艺术修养，才能拼摆出生动活泼、形象逼真的花色冷盘。如双鹂蹬枝、游龙戏凤等菜肴，都需要用轻盈薄片组成的刀面贴在物象的体表或两侧。贴一般要求原料片薄而轻盈，以便于在主体上贴附。

（6）摆　摆在花色冷盘造型中是最常使用的方法，如松龄鹤寿一菜的松树枝干，喜鹊登梅一菜的梅枝，蝴蝶的触须，鸟类的嘴巴和脚爪，还有作为陪衬物的山石花草等，都是采用摆的方法制作的。摆常用于摆放主体附件，必须根据造型设计的要求选择好方位及所摆物的姿态，不仅要使冷盘形象逼真，还要使主体与陪衬物相协调。

（7）扎　扎是为了造型将原料捆扎起来，使之牢固不松散的一种辅助拼摆手法。扎的手法虽然运用不多，但却是某些冷盘制作中必不可少的技法。如普通冷盘中的鸡丝柴把堆，再如立体花篮冷盘的篮体、帆船的船体等，虽然内部都装满食物，但篮面是倾斜的，船舷是弯曲的，很难贴附住，如果用线料捆扎一下，就会使其牢固。常用作线料的有芹菜梗丝、海带丝、蒜薹丝等。

（8）围　将切好的原料按盘子的形状排列成环形，此拼摆手法称为围。在实际应用中，围的手法灵活多样，如围边装饰、附加点缀等。

1）围边装饰，在主料周围围上一些不同颜色的辅料来衬托主料，这叫围边；有的将主料围成花朵，中间用色彩鲜艳的辅料点缀成花蕊，这叫排围。通过围可把冷盘点缀装饰成很多花样，使冷盘增添色彩，工艺效果更加完美。

2）附加点缀，就是在什锦拼盘工序完成之后，根据拼盘的具体情况，附加一些绚丽的点缀品，这些点缀品一般以色彩鲜明的蔬菜、瓜果的小型蔬果雕刻和熟食为主，在具体操作中，应注意以下几个问题：

①凡是原料刀工整齐、形态较美观的，其点缀品放在盘边为好；如果原料刀工并不整齐好看，其点缀品应放在原料上面以弥补不足。

②凡是色泽比较暗淡、不够醒目的拼盘，上面或中间可以放点缀品，以增强明快宜人的感觉。凡是色彩鲜艳的拼盘，可用对比强烈的原料来点缀，宜放在盘边。

③点缀品的大小、色彩应同冷盘的式样相统一，相协调，点缀品的使用要整齐、规范，不要一个放盘边，一个放盘面，或一个放得多，一个放得少，盘与盘之间不可各树一帜，以免显得杂乱无章，缺乏整体感。

④点缀品的摆放式样要与拼盘的规格相吻合，具体有盘边点缀、盘上点缀和盘面点缀3种式样。盘边点缀要求摆放时做到等边对称。盘面点缀又称整体衬托，即在盘底直到盘边，用修剪成型的点缀品平铺于盘内作衬托，上面码放主料。

⑤附加点缀应少而精，不可滥用，切忌画蛇添足或喧宾夺主，一定要突出主体。装入盘中的点缀品要求能够食用，对一些可食性生料要严格消毒，防止食品污染。

技能训练 1　烩酸辣肚丝（彩图 13）

工艺流程：选料→改刀→烩制→勾芡→淋油→装盘。

原料：熟肚300克。

调料：白胡椒粉15克，料酒15克，醋50克，高汤500克，味精2克，香油5克，盐3克，芫荽少许，水淀粉（用醋制作）适量。

操作过程：

1）把熟肚切成细丝，放入开水锅内氽一下，捞出控干；芫荽切成1厘米长的段。

2）将高汤放入锅内，大火烧开，放盐、料酒、味精，然后放入熟肚丝，开锅后用水淀粉勾成米汤芡，放入芫荽段，再将醋、白胡椒粉放入，淋香油后装盘。

操作要领：

1）酸、辣、咸三味均匀，不要突出某一味。

2）水淀粉用醋制作，以其勾芡，酸味鲜美。

成菜特点：肚丝糯烂，汤酸辣鲜香。

技能训练 2　红烩三丁（彩图 14）

工艺流程：选料→改刀→烩制→勾芡→淋油→装盘。

原料： 熟肉50克，火腿50克，笋50克。

调料： 熟猪油25克，盐1克，味精3克，酱油5克，淀粉15克，香油5克，葱、姜、鲜汤各适量。

操作过程：

1）熟肉、火腿、笋均切成1厘米见方的小丁；笋丁用水焯一下；葱、姜切末；淀粉加水制成水淀粉。

2）锅内放熟猪油，下葱末、姜末炝锅，加入鲜汤，将熟肉丁、火腿丁、笋丁、盐、味精、酱油放入，汤沸2分钟后撇去浮沫，用水淀粉勾芡，淋香油后装盘。

操作要领： 烩制菜肴的汤量要一次性加足，中途不能加汤。

成菜特点： 色泽殷红，鲜嫩不腻。

技能训练3 红焖肘子（彩图15）

工艺流程： 选料→初加工→熟处理→焖制→勾芡→淋油→装盘。

原料： 猪肘1只（约750克）。

调料： 酱油25克，料酒5克，盐2克，糖色、葱段、姜块、八角、白糖、鲜汤、色拉油、淀粉各适量。

操作过程：

1）将猪肘泡水后刮洗干净，放入汤锅加水煮至七成熟时捞出，擦净水分，抹匀糖色，皮朝下投入油锅中，盖紧锅盖炸至皮脆，捞出备用。

2）锅加色拉油烧热，以葱段、姜块、八角炝锅，再投入酱油、料酒、盐、白糖、鲜汤，放入炸过的猪肘盖上盖，先大火烧开后改用小火焖制，猪肘酥烂汁浓时出锅，拣出葱段、姜块、八角，皮朝上装盘，原汁加淀粉调成水淀粉，用水淀粉勾芡，淋明油后装盘。

操作要领： 烹饪过程中要确保食材新鲜，并注意火候控制以保证菜肴的质量。

成菜特点： 色泽深红，皮脆肉烂，香醇不腻。

技能训练4 黄焖鸡块（彩图16）

工艺流程： 选料→改刀→熟处理→焖制→勾芡→淋油→装盘。

原料： 鸡1只（治净后约750克左右），青椒（切片）。

调料： 料酒5克，酱油15克，盐5克，味精4克，淀粉、葱段、姜块、八角、色拉油、鲜汤各适量。

操作过程：

1）将鸡剁成4厘米见方的块，以盐、料酒抓匀调味，投入热油锅中炸成浅黄色捞出备用。淀粉加水调成水淀粉。

2）另起锅加色拉油，放入鸡块炒一会儿，再放葱段、姜块、八角炒出香味，冲入鲜汤，放酱油、料酒、味精，盖好盖烧开，转小火焖1小时，定味、调色，放青椒片，用水淀粉勾薄芡，淋明油后装盘。

操作要领：

1）油烧热后先下鸡块煸炒再下香料。因为油温较高，如果先放葱姜蒜和香料，控制不好温度，香料很容易炒煳从而口感会发苦。

2）青椒根据个人喜好选择下锅时间，喜欢口感软一点的就提前放，想口感脆并有辣味，可以出锅前放。

成菜特点：色泽金黄，熟烂香醇，味浓可口，明油亮芡。

技能训练 5 焦熘里脊（彩图 17）

工艺流程：选料→改刀→熟处理→爆汁熘制→装盘。

原料：猪里脊肉200克，笋片、青豆各20克。

调料：色拉油775克，料酒3克，酱油5克，盐2克，鲜汤100克，淀粉、面粉、葱段、姜末、白糖各适量。

操作过程：

1）淀粉加水制成水淀粉；将猪里脊肉切成0.5厘米厚的片，挂水淀粉抓匀。

2）锅内放油750克，烧至七成热时，把猪里脊肉片分散投入油锅中炸至定型，捞出，升高油温，复炸至熟透，外焦里嫩，色泽呈金黄色时捞出备用。

3）另起锅加底油25克，放入葱段、姜末炝锅出香味，投入笋片、青豆，倒入用鲜汤、料酒、酱油、白糖、淀粉调成的汁，将汁炒浓加热油使之大沸，投入猪里脊肉片翻炒均匀后装盘。

操作要领：

1）猪里脊肉片下锅裹汁时动作要迅速，以免外层变软。

2）芡汁量不宜过多，以食后盘内无余汁为宜。

成菜特点：明油亮芡，外焦里嫩，色泽金黄，口味咸香。

技能训练 6 糖醋鲤鱼（彩图 18）

工艺流程：选料→改刀→挂糊炸制→爆汁→浇汁→装盘。

原料：鲤鱼1条（重量约为750克）。

调料：白糖200克，醋100克，酱油10克，盐3克，姜丝6克，水淀粉适量，色拉油1500克（实耗约100克）。

操作过程：

1）鱼经过初加工后，用刀在鱼体两侧每隔3.5厘米距离剞斜刀，放盐腌渍。

2）油置锅中加色拉油，烧至八成热，将鲤鱼挂上水淀粉，下油锅炸至色泽金黄、外壳酥脆时，捞出。白糖、醋、酱油、姜丝、水淀粉调成芡汁。

3）另起锅放底油，将芡汁烧浓，加热油使之大沸，浇淋在炸好的鲤鱼上。

操作要领：

1）鲤鱼挂的水淀粉尽量调得浓稠一些，但不要挂太多，不厚不薄的均匀一层即可，这样炸好的鲤鱼不会回缩变形。

2）炸鲤鱼时要先给鲤鱼定型，浸炸时一定要关火离灶，油温的控制非常重要，油温低了不上色，油温高了外焦内不熟，而且鱼尾也不能翘起，直接影响口感和造型。

成菜特点：外焦里嫩，色泽金黄，口味酸甜。

技能训练7　油爆双脆（彩图19）

工艺流程：选料→改刀→熟处理→爆汁→翻匀→装盘。

主料：猪肚仁100克，鸡肫150克，笋片50克。

调料：熟猪油750克（实耗约50克），葱末、姜末、蒜末各3克，料酒2克，味精2克，醋3克，盐2克，白糖、胡椒粉、淀粉、鲜汤各适量。

操作过程：

1）将猪肚仁洗净去杂质，剞十字花刀后切成2厘米见方的块；鸡肫洗净去外皮和里皮，剞上十字花刀。猪肚仁和鸡肫分别用沸水焯一下，投入热熟猪油中略炸捞出。

2）另起锅加熟猪油，用葱末、姜末、蒜末炝锅，投入猪肚仁块、鸡肫、笋片，烹醋，倒入事先兑好的调味汁（即用料酒、盐、白糖、味精、胡椒粉、鲜汤、淀粉兑成的汁），迅速颠翻几下装盘。

操作要领：

1）这道菜要急火短炒，需要一锅成菜的大火且一定要用冷的熟猪油。

2）火候一定要把控好。

成菜特点：色泽鲜艳，脆嫩爽口，别有风味，上桌时带一碟卤虾油蘸食。

技能训练8　芫爆里脊丝（彩图20）

工艺流程：选料→改刀→熟处理→爆制→淋油→装盘。

原料：猪里脊肉200克，芫荽梗10克，鸡蛋清1个。

调料：熟猪油750克（实耗约30克），盐2克，味精3克，料酒2克，胡椒粉3克，蒜片5克，白糖、葱丝、姜丝、鲜汤、水淀粉、醋各适量。

操作过程：

1）先将猪里脊肉片成薄片，再切成细丝，用盐、味精、鸡蛋清调底味上蛋清浆。芫荽梗洗净，切3厘米长的段。盐、味精、鲜汤、胡椒粉、白糖、料酒兑成调味清汁。

2）热锅放熟猪油烧至四成热，将猪里脊肉丝放入油锅中，滑散熟透捞出。

3）另起锅放底油，下葱丝、姜丝炝锅，投入猪里脊肉丝，烹料酒，放入芫荽梗段与蒜片，倒入调味清汁翻匀，淋明油，滴几滴醋后装盘。

操作要领：

1）猪里脊切丝要长短粗细一致，顺着纹路切，成品比较美观。

2）猪里脊肉丝挂蛋清浆要均匀。

3）油温不要过高，高了猪里脊肉丝容易打卷，油温三四成热放入，慢慢用筷子搅动至颜色发白，油温升至六七成热即可捞出控油。

4）加入芫荽之后，煸炒几下即可出锅，不可过分煸炒。

5）出锅前滴几滴醋，会有增香效果。

成菜特点：色泽洁白，质嫩味鲜，清香爽口。

技能训练9　干煎黄鱼（彩图21）

工艺流程：选料→改刀→腌渍→挂糊→煎制→淋油→装盘。

原料：黄花鱼2条（500克左右）。

调料：色拉油90克，鸡蛋1个，味精2克，盐5克，胡椒粉5克，面粉、淀粉、料酒、葱丝、姜丝、花椒粒、香油各适量。

操作过程：

1）将黄花鱼去鳞、鳃及内脏，鱼体两面斜剞花刀，以葱丝、姜丝、料酒、盐、味精、胡椒粉、花椒粒腌渍10分钟待用。用鸡蛋、面粉、淀粉调成全蛋糊。

2）将锅烧热加色拉油，布满锅底。将腌鱼的葱丝、姜丝拣去，挂全蛋糊，投入油锅内两面煎成金黄色熟透，淋少许香油后装盘。

操作要领：

1）挂糊要均匀，煎制时防止焦煳。

2）等一面鱼肉变硬、变干时再翻面，否则鱼皮会破。

成菜特点：色泽金黄，质地鲜嫩，风味别致。

技能训练10　南煎丸子（彩图22）

工艺流程：选料→改刀→调馅→煎制→加汤㸆制→勾芡→淋油→装盘。

原料：猪肥瘦肉350克（肥三瘦七），水发香菇（切片）4个，马蹄4片。

调料：色拉油100克，鸡蛋1个，葱段、姜块20克，八角2个，盐2克，白糖5克，酱油10克，味精、面粉、料酒、鲜汤、水淀粉、香油各适量。

操作过程：

1）将猪肥瘦肉与马蹄剁成碎末，加盐、面粉、水淀粉、鸡蛋、香油搅匀成肉馅。

2）热锅入色拉油布满锅底，把拌好的肉馅挤成核桃大小的丸子，放油锅里煎，用手勺逐个将丸子按扁（直径约3.3厘米），待两面煎成金黄色，基本成型时滗出余油，投葱段、姜块、八角炝锅，烹入料酒，放酱油、鲜汤、白糖、味精，烧沸后转小火，将香菇片间隔摆在丸子上面，汤烧成浓汁，用水淀粉勾芡，淋明油后装盘。

操作要领：

1）丸子煎时，应随时翻动，以免煎煳。

2）盛盘后应平摆一层，不可重叠。

成菜特点：色泽鲜艳，松软鲜嫩，口味香醇，明油亮芡。

技能训练11　清蒸鳜鱼（彩图23）

工艺流程：选料→初加工→腌渍→蒸制→淋油→装盘。

原料：鳜鱼1条（500克左右），火腿片、冬笋片各适量。

调料：料酒5克，盐3克，味精5克，胡椒粉、鲜汤、葱段、姜片、葱丝、姜丝、蒸鱼豉油、花椒油各适量。

操作过程：

1）将鳜鱼清洗干净，去除内脏和腮，在鱼身两侧剞上浅刀纹，便于入味，然后用少许盐、味精、料酒、胡椒粉在鳜鱼的外表及内部涂抹均匀，腌渍15分钟左右。

2）在盘底铺上葱段和姜片，鳜鱼肚子里放入部分葱丝、姜丝去腥。在鳜鱼身上铺火腿片、冬笋片。

3）将鳜鱼放入沸腾水的蒸锅中，根据鳜鱼的大小用大火蒸制7~10分钟。蒸好后倒掉盘子中的汤汁，去掉葱段、姜片、葱丝、姜丝。

4）将剩余的葱丝、姜丝铺在鱼身上，淋上蒸鱼豉油和热花椒油，激发出香味后装盘。

操作要领：

1）选购新鲜的鳜鱼是关键，活鱼最好。

2）蒸鱼时最好选择密封性好的蒸锅，以保持蒸锅内的温度和湿度，使鳜鱼肉更加鲜嫩。

3）蒸制时间不宜过长，否则鳜鱼肉会变老。

4）淋油时要使用高温的热油，这样能更好地激发出鳜鱼的香味。

成菜特点：口感鲜嫩，清香可口，营养丰富。

技能训练 12　米粉肉（彩图 24）

工艺流程：选料→改刀→腌渍→蒸制→扣出装盘。

原料：五花肉（带皮）600克，糯米200克。

调料：酱油10克，盐2克，白糖2克，味精3克，面酱10克，酱豆腐10克，葱末、姜末、八角、糖色、香油、料酒各适量。

操作过程：

1）将五花肉切成0.6厘米厚、8厘米长的条，放入容器中加酱油、盐、白糖、味精、面酱、酱豆腐、葱末、姜末、糖色、香油、料酒腌渍，将糯米加两瓣八角用锅炒熟透呈金黄色，轧成碎渣与五花肉条拌匀，使每条肉均匀地沾满糯米渣。

2）将五花肉条皮朝下，一条接一条地摆入碗里上屉蒸熟烂（约2小时），上桌时把五花肉条扣入盘内，揭去蒸碗即成。

操作要领：

1）五花肉条腌渍时必须先沥干水，腌渍时要入味。

2）糯米磨成粟米粒状即可，五花肉条要蒸到熟烂吐油。

成菜特点：肉酥烂，香而不腻，糯香可口。

技能训练 13　酱鸡（彩图 25）

工艺流程：选料→焯水→酱制→捞出→涂汁→装盘。

原料：仔鸡5只约重4千克（治净的），猪肉皮1千克。

调料：葱段200克，姜片100克，酱油500克，盐、糖色、色拉油、鲜汤各适量，丁香少许，桂皮、小茴香、八角、花椒、肉蔻各25克。

操作过程：

将仔鸡、猪肉皮用水焯透，五香料（丁香、桂皮、小茴香、花椒、肉蔻）用布包好。锅内放色拉油，下八角，投葱段、姜片，放酱油、糖色、五香料，放入适量鲜汤。投入仔鸡、猪肉皮，大火烧开后，用小火酱约2小时捞出，涂上一层煮仔鸡和猪肉皮的酱汁后装盘（夏天可入冰箱冷却）。

操作要领：仔鸡要刮洗干净绒毛；焯烫的时间不宜太长；酱制时根据原料情况掌握好加热时间。

成菜特点：外观酱红油亮，入口脆嫩鲜美，后味无尽。

技能训练 14　卤鸡肫（彩图 26）

工艺流程：选料→初加工→卤制→装盘。

原料：鸡肫1000克。

调料：白卤汁3千克，干香菇1个。

操作过程：

将鸡肫去内皮洗净，用开水焯一下捞出，放入凉水，择去外皮杂质，放入白卤汁中，旺火烧沸，转小火卤2小时捞出装盘。

操作要领：

1）焯水的鸡肫泡冷水，是为了口感脆爽有嚼劲。

2）白卤水汁中加入干香菇，可以增香提鲜。

3）煮好后在卤汁里多泡会，味道会更好。

成菜特点：质嫩味鲜。

技能训练15　什锦拼盘——扇面三拼（彩图27）

工艺流程：盘面分三等分→修料→各用原料垫底→码墙面→盖面。

原料：盐水鹅、火腿肠、黄瓜各适量。

操作过程：

1）将盐水鹅拆骨，用刀批出厚肉（注意皮不能破，且皮应带肉），修出边墙料和盖面料各1块。

2）将盐水鹅厚肉及边角料在规定的部位垫底，底呈扇面形。

3）将边墙料斜批成片（要求片有大小，片与片不粘连），并将其覆在垫底料上，呈扇面体。注意：扇面体的外立面要垂直、整齐、光洁。

4）将盖面料斜批成片，覆在上面呈扇面形，盖面分上下两层。

5）将火腿肠切成若干长段，修成梯形（即一端略宽，另一端略窄），用火腿肠或修出的火腿肠边角料垫底呈扇面形。

6）将梯形火腿肠切成片，一片片排叠起来作边墙料，覆盖在火腿肠垫底料上，呈扇面体。再取一块梯形火腿肠切成片，排叠成盖面料，覆盖在上面呈扇面形。

7）采用与火腿肠相同的拼法将黄瓜拼成扇面体即可。

操作要领：黄瓜一定要最后摆放，否则菜肴容易变形，出现高低不一的现象。3个扇面体要大小一致，高低相等，相互间留有缝隙，中间为圆形孔洞，每个扇面体的盖面料要整齐划一。

成菜特点：造型美观，荤素搭配，口感丰富。

技能训练16　什锦拼盘——扇面八拼（彩图28）

工艺流程：盘面分八等分→修料→各用原料垫底→盖面→码圆心原料→表面刷油。

原料：火腿、油鸡、皮蛋、鲜蘑、凤尾鱼、莴苣、烧鸭、琼脂拌茭耳菜、糖醋蓑衣扬花萝卜、盐水河虾、海蜇头、蛋松、红椒、芫荽、色拉油各适量。

操作过程：

1）取直径为34厘米的白圆盘（14寸圆盘）1个，按照有间隙扇面的形式依次将火腿、油鸡、皮蛋、鲜蘑、凤尾鱼、莴苣、烧鸭、琼脂拌茭耳菜在盘中排叠成扇面八拼，拼摆时按先垫底后盖面的次序进行，中间留有直径为10厘米的空隙。

2）将糖醋蓑衣扬花萝卜在空隙处堆成井栏状，盐水河虾掐去头后竖直围排于中心圆的外侧，海蜇头堆叠在“井栏”中间，呈牡丹花形，刷上色拉油，用蛋松和红椒作心，芫荽点缀。

操作要领：

1）原料改刀时大小、厚薄要一致。

2）排叠时色泽、荤素要交叉开。

成菜特点：造型美观，色泽鲜艳，口感多样，营养丰富。

复习思考题

1. 什么叫火候？掌握火候的一般原则是什么？
2. 热的传递方式和传递过程是什么？
3. 以油、水、蒸汽、盐、沙粒等为传热介质的特点是什么？
4. 什么是勾芡？勾芡有哪些作用？
5. 芡汁分几种？分别适用什么烹调方法？
6. 勾芡的方法有几种？分别适用什么烹调方法？
7. 如何把握勾芡的关键？
8. 简述烩制烹调方法的种类及操作要点和制出菜肴的特点。
9. 简述熘制烹调方法的种类及操作要点和制出菜肴的特点。
10. 简述爆制烹调方法的种类及操作要点和制出菜肴的特点。
11. 热制冷食菜肴的制作方法有几种？各自的制作特点是什么？
12. 热制冷菜中酱和卤的区别是什么？
13. 冷菜拼摆在宴席中的地位和作用是什么？
14. 简述什锦拼盘的工艺要求。

模拟题

中式烹调师（中级）理论知识模拟题

一、单项选择题

1. 道德要求人们在获取（　　）的时候，也要考虑他人、集体和社会利益。

A. 社会荣誉　B. 集体利益　C. 个人利益　D. 工资福利

2. 职业道德有范围上的（　　）的特征。

A. 有限性　B. 无限性　C. 连续性　D. 社会性

3. 任何社会组织都需要制订有约束力的规章制度，规定所属人员必须共同遵守和执行的内容，这就是（　　）。

A. 法律　B. 法规　C. 纪律　D. 政策

4. 烹调原料的可口性越好，一般其食用价值（　　）。

A. 越高　B. 越低　C. 越多　D. 越少

5. （　　）由碳、氢、氧、氮组成，还含有硫、磷、碘等元素。

A. 糖类　B. 脂肪　C. 蛋白质　D. 维生素

6. 水煮牛肉的烹调方法是（　　）。

A. 煮　B. 汆　C. 油爆　D. 烧

7. 家畜肉后熟期的特征是：具有一定的（　　）、肉松软多汁、滋味鲜美、表面有光泽。

A. 弹性　B. 韧性　C. 软性　D. 硬性

8. 发生食品安全事故的单位应当立即采取措施，防止事故扩大，并及时向事故发生所在地县级人民政府（　　）报告。

A. 公安　B. 法院

C. 人大　D. 食品药品监督管理部门

9. 油腻和黏液较多的动物内脏原料在里外翻洗前应先采用（　　）进行处理。

A. 灌洗法　B. 清水漂洗法　C. 盐醋搓洗法　D. 刮洗法

10. 猪肺的清洗加工步骤是：灌水冲洗、拍打挤压、（　　）。

A. 沸水汆烫　B. 热水冲洗　C. 温水冲洗　D. 破膜清洗

11. 牛蜂窝肚上的（　　）可以用食用碱水刷掉，然后洗涤干净即可。

A. 黏液　B. 血液　C. 污物　D. 黑膜

12. 盐醋搓洗猪肠的目的主要是去除（　　）。

A. 异味　B. 杂质　C. 筋膜　D. 油质

13. 氽烫鳝鱼时不能让水沸腾，否则（　　）会破裂。

A. 鱼肉　B. 鱼体　C. 鱼膘　D. 鱼皮

14. 下列属于干制品加工性原料的是（　　）。

A. 风鸡　B. 腊肠　C. 火腿　D. 干贝

15. 下列不适宜制作植物干制原料的是（　　）。

A. 口蘑　B. 春笋　C. 木耳　D. 番茄

16. 腌腊肉的添加料主要有盐、糖、（　　）、料酒。

A. 花椒　B. 八角　C. 葱段　D. 姜片

17. 干货原料涨发的目的之一是去除原料本身带有的异味和（　　）。

A. 毛皮　B. 杂质　C. 黏液　D. 筋膜

18. 下列不适宜油发的原料是（　　）。

A. 蹄筋　B. 猪皮　C. 鱿鱼　D. 鱼肚

19. 鱼肚的涨发率一般为（　　）。

A. 1：9　B. 1：8　C. 1：10　D. 1：4

20. 油发干肉皮的涨发率一般为（　　）。

A. 1：4　B. 1：8　C. 1：9　D. 1：10

21. （　　）又称梅条肉，位于腰椎处，呈长条形，色红，肌肉纤维长，脂肪少，质嫩。

A. 猪里脊　B. 猪奶脯　C. 猪颈肉　D. 猪五花肉

22. 牛米龙肉属于（　　）牛肉，适用于煎、烤、炒等烹调技法。

A. 三级　B. 一级　C. 二级　D. 四级

23. 羊脊背肉的特点是（　　），肉色红润，属一级羊肉。

A. 筋膜较多　B. 肉质细嫩　C. 肉质粗老　D. 结缔组织多

24. 羊前腿肉肉质较老，适于（　　）、烤等烹调技法。

A. 蒸、氽　B. 卤、烧　C. 炒、熘　D. 烹、爆

25. 羊腰窝肉夹有三层筋膜，（　　），质量差，属于三级羊肉。

A. 肉质老　B. 肉质较好　C. 肉质细嫩　D. 筋膜较少

26. 羊腱子肉瘦筋多，肉中（　　），属三级羊肉。

A. 筋多　B. 脂肪多　C. 夹筋　D. 骨多

27. 长形鱼的剔骨方法有生料剔骨和（　　）剔骨两种方法。

A. 熟料　B. 原料　C. 配料　D. 主料

28. 汤一般分为清汤和（　　）两种。

A. 浓汤　　B. 金汤　　C. 白汤　　D. 毛汤

29. 剞刀便于美化菜肴的形状，最终实现对（　　）的美化。

A. 口味　　B. 色泽　　C. 质感　　D. 料形

30. 下列不适宜剞刀的菜肴原料是（　　）。

A. 猪腰　　B. 鸡肫　　C. 鱿鱼　　D. 牛肚

31. 下列最适宜剞麦穗形花刀的原料是（　　）。

A. 猪腰　　B. 鸡肫　　C. 鱿鱼　　D. 猪肚

32. 下列剞有鳞毛花刀的菜肴是（　　）。

A. 松鼠鱼　　B. 干烧鱼　　C. 糖醋鱼　　D. 水煮鱼

33. 剞有菊花花刀的原料主要用于制作（　　）菜肴。

A. 熘、炸类　　B. 焖、煮类　　C. 炖、炒类　　D. 烩、烧类

34. 剞有蓑衣花刀的原料主要用于制作（　　）。

A. 冷菜　　B. 荤菜　　C. 热菜　　D. 大菜

35. 下列香味搭配合理的菜肴原料组合是（　　）。

A. 牛肉与羊肉　　B. 鸭肉与鹅肉　　C. 羊肉与鱼肉　　D. 南瓜与白瓜

36. 排的技法一般可与（　　）的技法同时运用。

A. 扣　　B. 挤　　C. 贴　　D. 藏

37. 为防止酿制的（　　）溢出，一般要将被酿料加盖或用蛋清糊密封。

A. 调料　　B. 原料　　C. 馅料　　D. 配料

38. 扣三丝在装碗时应先在碗内抹少许（　　），以便于扣出。

A. 水　　B. 糖浆　　C. 蜂蜜　　D. 食用油

39. 几何图案冷菜的拼摆中，尽量避免（　　）的原料拼摆在同一冷菜中。

A. 带卤汁　　B. 相同口味　　C. 不同口味　　D. 相互串味

40. 脆皮糊的形成是酵粉或泡打粉在受热后（　　）大量的二氧化碳气体，使成品结构形成均匀多孔的海绵组织，达到蓬松的目的。

A. 产生　　B. 溶解　　C. 电解　　D. 分离

41. 发粉糊调成后要醒（　　）以上再使用效果最佳。

A. 1分钟　　B. 5分钟　　C. 10分钟　　D. 12分钟

42. 虾饼属于（　　）蓉胶。

A. 软质　　B. 硬质　　C. 汤糊　　D. 嫩质

43. （　　）一般适用于酥炸、炸熘等烹调方法。

A. 酥糊　　B. 水粉糊　　C. 蛋泡糊　　D. 蛋黄糊

44. 菜肴调味可分为冷菜和（　　）的调味。

A. 炒菜 B. 烧菜 C. 热菜 D. 扒菜

45. 用面酱制作酱香味菜肴时，先将（ ）用小火炒至香味溢出，再放其他调料炒至浓度适中，放入菜肴原料炒制成菜。

A. 调料 B. 原料 C. 甜面酱 D. 葱姜蒜

46. 京苏风味糖醋汁，醋与糖的比例一般为（ ）。

A. 0.5：1 B. 1：1.5 C. 2：1 D. 3：1

47. 咸酸辣甜香兼备是（ ）味型的主要特征。

A. 家常味 B. 麻辣味 C. 鱼香味 D. 香辣味

48. 卤制菜肴加入八角、桂皮、大茴香、丁香等香料，其作用是（ ）。

A. 掩盖增香 B. 加热增香 C. 混合调香 D. 冷却增香

49. 制汤的过程是原料中呈味物质由固相（原料）向水相（汤）（ ）的过程。

A. 浸出 B. 浸透 C. 渗入 D. 传入

50. 高级清汤是在（ ）的基础上吊制而成的。

A. 浓白汤 B. 鸡蓉汤 C. 一般清汤 D. 一般白汤

51. 制汤主要是控制原料与水的比例、（ ）的应用、调料的投放时机和数量。

A. 火候 B. 大火 C. 小火 D. 微火

52. 浓白汤又称为奶汤，主要用于高档汤菜（ ）菜肴之用。

A. 白色 B. 燕菜 C. 雪蛤 D. 莼菜

53. 火候就是根据烹调原料的（ ）、形态，对热源温度和加热时间进行调节和运用，给菜肴适当的温度，以达到烹制菜肴的要求。

A. 性质 B. 大小 C. 形状 D. 质量

54. 下列原料中，不适宜烹制滑熘菜的原料是（ ）。

A. 对虾 B. 外脊肉 C. 五花肉 D. 鸡脯肉

55. 下列属于焦熘法制作的菜肴是（ ）。

A. 糖醋鱼 B. 水煮鱼 C. 醋椒鱼 D. 西湖醋鱼

56. 汤爆是一种不（ ）烹制汤菜的烹调技法。

A. 勾芡 B. 调味 C. 加热 D. 进行刀工处理

57. 烧制法是大火，小火结合，将原料烧透入味，再用大火收汁，勾（ ）或流芡，淋明油成菜的方法。

A. 水粉芡 B. 紧汁芡 C. 混汁芡 D. 包汁芡

58. 烧的方法比较多，各地叫法也有所不同，根据菜肴的色泽、芡汁、调料，可分为白烧、干烧、葱烧、酱烧、（ ）等。

A. 红烧 B. 熘烧 C. 炸烧 D. 煎烧

59. 红烧干货类菜肴时，初步熟处理的方法是（　　），然后再烧制。

A. 煮　B. 煎　C. 过油　D. 汤（水）汆

60. 焖制法一般是将刀工处理好的原料，用水或（　　）进行预熟处理，然后再焖制。

A. 油　B. 汤　C. 煎　D. 烤

61. 下列不属于红焖菜使用的调料的是（　　）。

A. 醋　B. 料酒　C. 酱油　D. 鲜汤

62. 炒制菜肴的主要成品特点是：质感脆、嫩、滑、爽，口味多变，（　　）。

A. 汤（芡）汁少　B. 汤（芡）汁多　C. 汤（芡）汁浓　D. 无汤无汁

63. 干煸牛肉丝是（　　）传统代表菜之一。

A. 川菜　B. 湘菜　C. 鲁菜　D. 冀菜

64. 干炸菜最适宜挂的糊是（　　）。

A. 酥糊　B. 全蛋糊　C. 蛋清糊　D. 水粉糊

65. 葱烧海参用的葱是（　　），并将其用温油炸成金黄色，形成葱油。

A. 葱白　B. 整葱　C. 葱头　D. 葱丝

66. 葱爆羊肉的成品特点是：羊肉质嫩，口味咸鲜爽口，（　　）。

A. 葱香浓郁　B. 肥而不腻　C. 色泽艳丽　D. 汁浓味厚

67. 为使油爆肚达到口感爽脆的特色，烹制时要（　　）。

A. 大火速成　B. 小火慢炖　C. 翻锅及时　D. 调味恰当

68. 烩鸭四宝的成菜芡汁是（　　）。

A. 厚芡　B. 流芡　C. 包芡　D. 米汤芡

69. 炸猪排炸制时的最佳油温以（　　）热为宜。

A. 一至二成　B. 二至三成　C. 四至五成　D. 七至八成

70. 下列最适宜五彩鸡丝过油的是（　　）。

A. 冷锅温油　B. 热锅凉油　C. 冷锅热油　D. 温锅冷油

71. 芫爆里脊与酱爆里脊的主要区别是配料和（　　）的不同。

A. 味型　B. 浆　C. 糊　D. 主料

72. 制作松鼠鳜鱼在炸制前要先进行（　　）处理。

A. 挂糊　B. 上浆　C. 拍粉　D. 上色

73. 蚝油牛柳的成品特色是：肉质滑嫩，色泽酱红，紧汁亮芡，（　　）。

A. 酸甜适口　B. 蚝油味浓　C. 清香爽口　D. 麻辣鲜香

74. 鲁菜在运用调味技法时，注重突出（　　）。

A. 单一调料的风味　B. 复合调料的风味

C. 原料本身的风味　D. 香料的风味

75. 卤是将原料放入事先调制好的卤汁中用（　　）烧开，改用小火卤至原料成熟入味的方法。

A. 大火　B. 中火　C. 微火　D. 小火

76. 白卤水是（　　）特色卤水。

A. 粤菜　B. 鲁菜　C. 川菜　D. 冀菜

77. 酱制动物性原料时，一般是先将原料用有色调料、盐和（　　）腌渍。

A. 香料　B. 酱油　C. 面酱　D. 料酒

78. 炝制法与拌制法的不同点是：拌是用调料直接拌，炝是用香辛料（　　）炝之。

A. 热油　B. 凉油　C. 蚝油　D. 豆油

79. 滑炝使用的热料油一般是（　　）和花椒炸制而成的。

A. 鸡油　B. 豆油　C. 香油　D. 花生油

80. 海米炝芹菜的口味特点是（　　）四溢。

A. 椒香　B. 浓香　C. 咸香　D. 干香

81. 良好的职业道德可以创造良好的（　　），有利于保障个人的合法利益。

A. 经济效益　B. 社会效益　C. 工作环境　D. 社会环境

82. 在商品经济条件下，衡量质量标准的尺度是（　　）。

A. 道德　B. 成本　C. 价格　D. 数量

83. 按烹调原料的商品种类分，海蜇属于（　　）类原料。

A. 粮食　B. 蔬菜　C. 海鲜　D. 水产品

84. 肉用鸽的最佳食用期是在出壳后（　　）天左右。

A. 55　B. 50　C. 45　D. 25

85. 中华绒螯蟹的雄蟹的肚壳呈三角形，称为（　　），中秋节前后为盛产期。

A. 尖脐　B. 白脐　C. 黑脐　D. 团脐

86. 四季豆中的有毒成分是（　　）。

A. 龙葵素　B. 雷公藤碱

C. 类秋水仙碱　D. 皂素、植物血凝素

87. 厨房安全是（　　）。

A. 有序生产的前提　B. 实现企业效益的保证

C. 保护员工利益的根本　D. 以上都是

88. 洗涤家畜的肠、肚等内脏时，应将其里外的黏膜及油膜全部（　　）干净。

A. 处理　B. 清理　C. 整理　D. 摘除并清洗

89. 采用（　　）洗涤猪肺，既去除了异味，又使猪肺的颜色更为白净。

A. 灌洗法　B. 盐醋搓洗法　C. 里外翻洗法　D. 刮剥洗涤法

90. 牛蜂窝肚上的（ ）可以用食用碱水刷掉，然后洗涤干净即可。

A. 黏液　B. 血液　C. 污物　D. 黑膜

91. 盐醋搓洗猪肠的目的主要是去除（ ）。

A. 异味　B. 杂质　C. 筋膜　D. 油质

92. 清洗加工猪腰时应首先撕去猪腰表层的（ ）和油脂。

A. 外膜　B. 内膜　C. 血污　D. 杂质

93. 无鳞鱼用于红烧或炖汤时，应用（ ）的热水浸烫1分钟为佳。

A. 75~85℃　B. 60~65℃　C. 55~60℃　D. 50~55℃

94. 取鳗鱼内脏的最佳方法是从（ ）刀口取出。

A. 喉部　B. 腹部　C. 背部　D. 鳃部

95. 鲥鱼鳞片中含有较多的（ ），初加工时不要去除。

A. 脂肪　B. 蛋白质　C. 矿物质　D. 碳水化合物

96. 下列为加工性烹调原料的是（ ）。

A. 香肠　B. 干香菇　C. 干海参　D. 以上都是

97. 加工性原料具有耐储存、易保管、不受（ ）限制的特点。

A. 季节　B. 时间　C. 环境　D. 湿度

98. 干货原料涨发的目的之一是去除原料本身带有的异味和（ ）。

A. 毛皮　B. 杂质　C. 黏液　D. 筋膜

99. 油发是将干料放入（ ）的油锅中，经过加热，使原料膨胀松脆形成孔洞结构，然后再复水的方法。

A. 少量油　B. 大量油　C. 相同温度　D. 不同温度

100. 油发干料的高温油膨化阶段，是指将经低温油焐制后的干料再用（ ）的高温油，使之膨化。

A. 120~140℃　B. 140~160℃　C. 180~200℃　D. 240~260℃

101. 鱼肚在高油温膨化过程中，要不断地（ ）以使其受热均匀。

A. 翻动　B. 搅动　C. 加油　D. 加温

102. 牛肉可分为四个等级，（ ）牛肉为最好。

A. 四级　B. 三级　C. 二级　D. 一级

103. 猪通脊肉质细嫩，适用于油爆、（ ）等烹调技法。

A. 㸆、扒　B. 炖、煸　C. 红烧、干烧　D. 滑炒、滑烹

104. 牛米龙肉瘦肉多，肉质细嫩，适于（ ）等烹调技法。

A. 炖、焖　B. 扒、蒸　C. 炒、烹　D. 㸆、氽

105. 牛仔盖肉属于一级牛肉，适于煎、（ ）等烹调技法。

A．炒、熘　　B．焖、㸆　　C．炖、蒸　　D．卤、酱

106．梭形鱼分档剔骨的第二步是将剖成软硬两扇的鱼，用（　　）的方法剔出胸骨。

A．切　　B．推　　C．拉　　D．批

107．斜剞的特点是条纹（　　）原料本身的厚度，层层递进相叠，呈披覆之鳞毛状。

A．短于　　B．等于　　C．长于　　D．小于

108．下列适宜剞刀的菜肴原料是（　　）。

A．猪腰　　B．鸡肫　　C．鱿鱼　　D．以上都是

109．麦穗形花刀是斜刀剞和（　　）剞的混合剞法。

A．直刀　　B．平刀　　C．批刀　　D．跳刀

110．荔枝形花刀是在原料表面直剞深约3/4的十字交叉刀纹，刀距为（　　），切成边长为3.5厘米的菱形块。

A．3.5毫米　　B．5毫米　　C．2.5毫米　　D．6毫米

111．混合剞适用于（　　）需要剞花的原料。

A．绝大多数　　B．少数　　C．所有　　D．极少

112．下列剞有葡萄花刀的菜肴是（　　）。

A．葡萄鱼　　B．松鼠鱼　　C．抓炒鱼　　D．菊花鱼

113．剞瓦楞花刀的鱼类原料适用于制作（　　）菜肴。

A．焦熘　　B．清蒸　　C．卤煮　　D．炖制

114．下列属于配菜原则之一的是（　　）。

A．技法的配合　　B．色彩的配合　　C．刀法的配合　　D．主料的配合

115．菜肴的口味应符合季节性，（　　）一般要浓厚，夏季要清淡些。

A．春季　　B．夏季　　C．秋季　　D．冬季

116．大卷的形状较大，适宜（　　）的烹调技法，成熟后需要改刀。

A．扒　　B．烧　　C．炸　　D．炖

117．组配多种原料冷盘，原料的（　　）应相近。

A．质地　　B．数量　　C．味型　　D．色彩

118．菜肴原料的着衣，是菜肴（　　）的途径之一。

A．保护　　B．质感　　C．创新　　D．美化

119．发粉糊调成后要醒（　　）以上再使用效果最佳。

A．1分钟　　B．5分钟　　C．10分钟　　D．12分钟

120．抽打蛋泡糊的技术要领是顺时针由慢至快（　　）抽打成。

A．四气　　B．三气　　C．二气　　D．一气

121．用水粉糊烹制的炸菜，具有干香、（　　）、色泽金黄的特点。

A. 焦香酥脆　　B. 质地软嫩　　C. 外焦里嫩　　D. 软嫩香滑

122. 酱料浆一般不加或加极少量的（　　）。

A. 盐　　B. 淀粉　　C. 料酒　　D. 味精

123. 下列适宜加热中调味的菜肴是（　　）。

A. 宫保鸡丁　　B. 鱼香肉丝　　C. 干烧鱼　　D. 以上都是

124. 下列菜肴需带味碟佐食的是（　　）。

A. 香炸猪排　　B. 干烧黄鱼　　C. 干烧鸡块　　D. 干煸牛肉丝

125. 芥末味清爽解腻，最适宜食用的季节是（　　）。

A. 春夏两季　　B. 立秋前后　　C. 初冬季节　　D. 秋冬两季

126. 为突出麻辣味型的风味，调配麻辣味型时应将花椒（　　）使用。

A. 整颗放入　　B. 起锅时放入

C. 直接投入汤汁中　　D. 干炒后碾成末

127. 安徽菜的糖醋汁是按（　　）的比例配制的。

A. 1：1或1：2　　B. 2：1或3：1　　C. 3：1或4：1　　D. 4：1或5：1

128. 属于香辣味型的是（　　）。

A. 咖喱味型　　B. 蒜泥味型　　C. 芥末味型　　D. 以上都是

129. 菜肴的调色方法有浸润着色法、（　　）、包裹着色法三种。

A. 吸附着色法　　B. 配菜着色法　　C. 加热着色法　　D. 配料着色法

130. 绿色蔬菜在热和（　　）的共同作用下，叶绿素的绿色极易消退，由绿变黄，呈现枯败之色。

A. 酸　　B. 盐　　C. 碱　　D. 糖

131. 油脂的沸点可达（　　）左右。

A. 250℃　　B. 280℃　　C. 300℃　　D. 400℃

132. 吊制高级汤应用（　　），汤不能沸滚。

A. 微火　　B. 小火、大火　　C. 中火、大火　　D. 微火、中火

133. 制汤时过早加入盐，原料中的呈味物质难于浸出，其原理是盐的（　　）作用。

A. 分散　　B. 凝固　　C. 电解　　D. 渗透压

134. 火候的掌握，对于菜肴的色、香、味、（　　）、质起着决定性作用。

A. 形　　B. 量　　C. 大　　D. 小

135. 挂硬糊原料的过油，一般采用（　　）温油逐个下油锅的方法。

A. 中火　　B. 大火　　C. 小火　　D. 微火

136. 下列以水为传热介质制作的菜肴是（　　）。

A. 软熘鱼丸　　B. 清炒虾仁　　C. 西湖醋鱼　　D. 滑熘里脊

137. 北京烤鸭适宜采用的烤制方法是（　　）。

A. 叉烤　　B. 泥烤　　C. 铁板烤　　D. 焖炉烤

138. 杭州名菜叫花童鸡是用（　　）的方法制成的。

A. 泥烤　　B. 电烤　　C. 暗炉烤　　D. 明炉烤

139. 焦熘菜的口味特色是咸鲜微酸或（　　）为主。

A. 酸甜味　　B. 酸辣味　　C. 鱼香味　　D. 浓香味

140. 下列菜肴属于鲁菜传统烩菜的是（　　）。

A. 烩乌鱼蛋　　B. 宋嫂鱼羹　　C. 龙凤三丝　　D. 拆烩鲢鱼头

141. 烧的原料非常广泛，（　　）是制作烧菜的高档原料。

A. 干货原料　　B. 水产原料　　C. 禽类原料　　D. 肉畜类原料

142. 十字形花刀的刀纹是运用（　　）的刀法制成的。

A. 直刀推剞　　B. 斜刀推剞　　C. 平刀推剞　　D. 拉刀推剞

143. 烹是将过油或煎制后的鲜嫩小型原料，烹入以鲜咸味为主的（　　），制成菜肴的烹调技法。

A. 清汁　　B. 混汁　　C. 油汁　　D. 浑汁

144. 依据油温的高低和油量的多少，炒制法可分为（　　）、爆炒、煸炒、软炒等技法。

A. 滑炒　　B. 水炒　　C. 糖炒　　D. 烹炒

145. 微火的火焰呈（　　）。

A. 蓝紫色　　B. 青绿色　　C. 黄白色　　D. 红色

146. 烩鸭四宝制作特色是：勾芡后再放入醋、（　　），淋入葱姜油、香油，撒上芫荽末和葱末。

A. 盐　　B. 酱油　　C. 料酒　　D. 胡椒粉

147. 红烧鱼的成品特点是：色泽红亮、鱼体完整、（　　）、芡汁明亮。

A. 酥烂脱骨　　B. 微辣鲜香　　C. 干香味醇　　D. 汁浓味厚

148. 下列不属于宫保鸡丁特色的是（　　）。

A. 口味香甜　　B. 色泽棕红

C. 口味鲜咸辣微甜　　D. 鸡丁鲜嫩，花生仁脆香

149. 制作酱爆鸡丁过油的最佳油温是（　　）。

A. 100℃　　B. 102℃　　C. 120℃　　D. 180℃

150. 芫爆里脊制作工艺中，使用的糊浆是（　　）。

A. 蛋清浆　　B. 水粉浆　　C. 蛋白糊　　D. 蛋泡糊

151. 为保证醋熘马铃薯丝色泽的特点，调料一般禁用（　　）。

A. 盐　　B. 酱油　　C. 料酒　　D. 白醋

152. 焦熘里脊的烹调技法是（　　）。

A. 醋熘　　B. 软熘　　C. 滑熘　　D. 炸熘

153. 蚝油牛柳的牛肉致嫩，一般是用（　　）。

A. 胡椒粉　　B. 辣椒油　　C. 嫩肉粉　　D. 苏打粉

154. 大良炒鲜奶中牛奶的浓度以（　　）为最佳。

A. 10%　　B. 20%　　C. 30%　　D. 60%

155. （　　）在鱼香味的味型中排在第一位。

A. 咸味　　B. 甜味　　C. 辣味　　D. 酸味

156. （　　）是热制冷吃菜肴制法上的特色之一。

A. 不挂糊　　B. 不调味　　C. 不切配　　D. 不焯水

157. 卤制法以卤水的色泽划分，可分为（　　）和白卤两种。

A. 红卤　　B. 盐卤　　C. 酱卤　　D. 糖卤

158. 下列选项中，（　　）不是酱制菜肴的调料。

A. 酱油　　B. 白糖　　C. 料酒　　D. 豆瓣酱

159. 酱制原料需要用（　　）腌渍时，最大用量不得超过万分之一。

A. 硝　　B. 盐　　C. 酱油　　D. 香料

160. 白煮法在煮制中不放（　　）。

A. 盐　　B. 葱　　C. 姜　　D. 料酒

二、判断题

（　　）1. 职业道德与一般的道德有密切的联系，同时也有自己的特征。

（　　）2. 职业道德建设的关键是企业员工的职业道德建设。

（　　）3. 忠于职守、爱岗敬业的具体要求是：树立职业观念，强化职业意识，提高企业的竞争力。

（　　）4. 鲜肉中蛋白质含量为10%~20%，并含有人体需要的各种必需氨基酸。

（　　）5. 中国居民平衡膳食宝塔共分为6层。

（　　）6. 活鱼肉一般是无菌的。细菌一般存在于鱼的体表、鳃和肠道。

（　　）7. 餐饮成本核算的方法一般采用“以耗计存”倒求成本的方法。

（　　）8. 《中华人民共和国劳动法》规定，国家实行劳动者每日工作时间不超过8小时，平均每周工作时间不超过48小时的工时制度。

（　　）9. 水发可分为冷水发和碱水发两种。

（　　）10. 牛短脑肉的质量用途和牛上脑是一样的。

（　　）11. 牛脖头肉质量较好，属于一级牛肉。

（　　）12. 羊后腿肉肌肉块形大，肥瘦相间，属于一级羊肉。
（　　）13. 菜肴同质组配是指将质地不同的两种原料组配成一道菜的配料方法。
（　　）14. 菜肴原料形的组配有同形组配和异形组配两种。
（　　）15. 用于贴制手法的黏结剂主要是糊和浆。
（　　）16. 锅塌鸡片的生坯组配技法是贴。
（　　）17. 一般清汤的用料特色是专用高档料。
（　　）18. 过油是完成菜肴质地特色的重要技术措施之一。
（　　）19. 酱制菜肴的火候是先大火烧开再用大火收汁。
（　　）20. 炝鱼片在炝之前应挂全蛋糊。
（　　）21. 职业道德建设应与个人利益挂钩，这样才能充分发挥个人的积极性、主动性和创造性。
（　　）22. 尊师爱徒、团结协作的具体要求包括：平等尊重、顾全大局、相互学习、加强协作等方面。
（　　）23. 塘鲤鱼腹大身短，鳞色灰暗，刺硬，有土腥味。
（　　）24. 莲藕的地下茎长而肥大，含丰富淀粉。
（　　）25. 使用食品添加剂的目的之一是掩盖食品的已有缺陷。
（　　）26. 成本核算的任务就是要获得利润。
（　　）27. 厨房安全是保护员工利益的根本。
（　　）28. 家畜类内脏的清洗比较简单，重点是肌肉的清洗。
（　　）29. 刮剥洗涤法通常用于肠、肚等内脏的洗涤加工。
（　　）30. 取鳗鱼内脏的最佳方法是从腹部开口取出。
（　　）31. 牛黄瓜肉位于牛尾根部。
（　　）32. 菜肴组配的原则包括：量的配合、色的配合、形的配合、质的配合、营养的配合、香和味的配合。
（　　）33. 菜肴同质组配是指将质地不同的两种原料组配成一道菜的配料方法。
（　　）34. 菜肴原料形的组配有同形组配和异形组配两种。
（　　）35. 水粉糊是用淀粉、水、蛋液调成的糊。
（　　）36. 热菜麻辣味的用料主要有：川盐、花椒、干辣椒、豆豉、味精。
（　　）37. 菜肴调配的色泽是指制作菜肴使用有色调料，将菜肴调配成所需的色泽。
（　　）38. 蔬菜原料保色的方法主要有加油、加碱、加盐、水浸4种方法。
（　　）39. 烹虾球的最佳原料以青河虾为佳。
（　　）40. 炸熘是脆熘、焦熘、烧熘等的统称。

模拟试卷

中式烹调师（中级）理论知识模拟试卷

一、单项选择题（第1题~第80题。选择一个正确的答案，将相应的字母填入括号中。每题1分，共计80分。）

1. 社会主义道德建设的基本要求是：（　　）、爱人民、爱劳动、爱科学、爱社会主义。
   A. 爱祖国　B. 爱学习　C. 爱生活　D. 热爱党
2. 强化职业责任是指人们在一定的职业活动中所承担的（　　）责任。
   A. 特定　B. 特殊　C. 特别　D. 固定
3. 精益求精、追求极致是工匠精神（　　）层面的内涵。
   A. 思想　B. 行为　C. 目标　D. 文化
4. 处于僵直期和后熟期的肉为（　　）。
   A. 冷冻肉　B. 冷却肉　C. 新鲜肉　D. 自溶肉
5. 鳜鱼以南方产量较多，一年四季均产，以（　　）最肥硕。
   A. 夏季　B. 冬季　C. 秋季　D. 春季
6. 中华绒螯蟹的雄蟹呈三角形，称为（　　），中秋节前后为盛产期。
   A. 尖脐　B. 白脐　C. 黑脐　D. 团脐
7. 新鲜蛋类冷藏时的最佳温度应控制在（　　）为宜。
   A. 20℃　B. 25℃　C. 0℃　D. −5℃
8. 香菇按生产季节可分为冬菇、春菇和（　　）。
   A. 秋菇　B. 夏菇　C. 花菇　D. 厚菇

9、鱼肝油是（　　）的良好来源。
   A. 维生素A、维生素D　B. 维生素E、维生素D
   C. 维生素K、维生素C　D. 维生素A、维生素C

10. 《食品安全法》规定，超过保质期的食品（　　）。
    A. 可继续销售　B. 可降价销售　C. 不能销售　D. 可作处理销售
11. 里外翻洗法主要适用于（　　）等内脏的洗涤加工。
    A. 口条　B. 肺、脑　C. 脑、筋　D. 肠、肚
12. 灌洗法主要用于（　　）的洗涤加工。

A. 猪肺　　B. 猪舌　　C. 猪脑　　D. 猪肚

13. 刮剥洗涤法是一种除去家畜类（　　）和残毛、皮膜的洗涤方法。

A. 肺内黏液　　B. 外皮污垢　　C. 猪肠黏液　　D. 脑、筋杂质

14. 猪头的清洗加工步骤是：剔刮、（　　）、刮洗、清水洗涤。

A. 去毛　　B. 去皮　　C. 烧燎　　D. 浸泡

15. 牛蜂窝肚上的黑膜可以用（　　）刷掉，然后洗涤干净即可。

A. 热水　　B. 食用碱水　　C. 食用盐水　　D. 高锰酸钾溶液

16. 猪腰中的腰臊一般不能用于（　　）之用，故必须去除干净。

A. 热菜　　B. 冷菜　　C. 烹调　　D. 汤菜

17. 牛舌表面黏膜较厚，必须先用沸水泡烫到（　　），才能刮洗干净。

A. 发白　　B. 熟透　　C. 变色　　D. 断生

18. 对鱼类初加工，切忌将（　　）弄破，以免影响菜肴的口味。

A. 鱼膘　　B. 心脏　　C. 肝脏　　D. 鱼胆

19. 干制原料具有丰富和改善原料（　　）和风味的特点。

A. 口味　　B. 形状　　C. 质感　　D. 色泽

20. 油发是将干料放入（　　）的油锅中，经过加热，使原料膨胀松脆形成孔洞结构，然后再复水的方法。

A. 少量油　　B. 大量油　　C. 相同温度　　D. 不同温度

21. 油发蹄筋焐油时，油温（　　），火力不要旺，以免外焦内不透。

A. 要低　　B. 要小　　C. 要高　　D. 要多

22. 油发鱼肚应（　　）油入锅焐制，逐步提高油温。

A. 温　　B. 凉　　C. 热　　D. 大

23. 猪肉的正肋部位包括：外脊、（　　）、硬五花、软五花。

A. 里脊　　B. 臀尖　　C. 坐臀　　D. 元宝肉

24. 牛上脑肉属一级牛肉，最适用于（　　）、涮等烹调技法。

A. 烧、扒　　B. 焖、熇　　C. 蒸、炖　　D. 爆、炒

25. 羊脊背肉质细腻，色泽红润，属于（　　）羊肉。

A. 三级　　B. 一级　　C. 二级　　D. 四级

26. 鱼腹俗称肚裆，肉层薄，含脂肪丰富，（　　），适宜烧、蒸等技法。

A. 肉质软嫩　　B. 肉质粗硬　　C. 肉质肥美　　D. 肉嫩质脆

27. 剞刀的基本方法有直剞、斜剞和（　　）3种。

A. 锯剞　　B. 混合剞　　C. 翻刀剞　　D. 推刀剞

28. 剞麦穗形花刀时应逆肌纤维方向先剞斜刀，然后再剞（　　）

A. 平刀　　B. 直刀　　C. 批刀　　D. 拉刀

29、剞菊花花刀的斜刀剞刀纹和直刀剞刀纹交叉呈（　　）角。

A. 90度　　B. 45度　　C. 60度　　D. 120度

30. 剞蓑衣花刀的最佳刀距为（　　）。

A. 7~8毫米　　B. 1~2毫米　　C. 4~5毫米　　D. 5~6毫米

31. 菜肴异色组配是指将两种或两种以上（　　）的原料组配在一起。

A. 不同质地　　B. 不同形状　　C. 不同颜色　　D. 不同口味

32. 中国菜肴的灵魂是（　　）。

A. 口味　　B. 色泽　　C. 形状　　D. 质地

33. 花色热菜的第一要素是（　　）。

A. 食用性　　B. 观赏性　　C. 多样性　　D. 灵活性

34. 花色热菜扣的手法特点是：使菜肴（　　）、整齐、饱满，美观大方。

A. 色彩艳丽　　B. 表面光滑　　C. 光洁油亮　　D. 酥脆香鲜

35. 糊与浆的主要区别是用法和（　　）上的不同。

A. 用料　　B. 浓度　　C. 用量　　D. 颜色

36. 菜肴原料的着衣具有保护、改善、（　　）菜肴品种的功能。

A. 丰满　　B. 制作　　C. 烹调　　D. 丰富

37. 菜肴原料挂糊经油炸后，可形成（　　）的口感。

A. 丰富　　B. 丰满　　C. 丰足　　D. 富足

38. 水粉浆主要是由淀粉和（　　）调制而成的，有时可添加少许盐和料酒。

A. 蛋　　B. 汤　　C. 水　　D. 油

39. 调制蛋清糊时，蛋清与淀粉的比例以（　　）为佳。

A. 2：1　　B. 3：1　　C. 4：1　　D. 1：1

40. 牛肉致嫩浆中的食粉与生粉的比例以（　　）为宜。

A. 1：8　　B. 1：5　　C. 1：2　　D. 1：1

41. 菜肴经调味后，食用时可以引起人们以味觉为中心的各种（　　）。

A. 美味　　B. 胃感　　C. 舌感　　D. 快感

42. 鱼的腥味成分呈碱性，烹调时加入（　　）后，可以中和碱性，减弱腥味。

A. 醋或酒　　B. 葱或蒜　　C. 盐或糖　　D. 姜或八角

43. 糖用作调料时大多数都是在菜肴成熟（　　）投放。

A. 前期　　B. 后期　　C. 初期　　D. 晚期

44. 味精在70~90℃时溶解最好，鲜味最足，超过（　　）℃时味精可随水汽挥发。

A. 30　　B. 50　　C. 100　　D. 130

45. 甜味食材中加入微量食盐，可在一定程度上（　　）甜味。

A. 掩盖　　B. 减少　　C. 抑制　　D. 增加

46. 家常味型中的豆豉主要起（　　）的作用。

A. 增香　　B. 提色　　C. 提质　　D. 增色

47. 正宗的麻辣味型口感排列顺序是（　　）。

A. 麻辣咸鲜醇香　　B. 辣麻鲜咸醇香

C. 咸辣麻鲜醇香　　D. 鲜辣麻咸醇香

48. 用甜面酱制作的酱香味菜肴的特点是：酱汁红褐、明亮、浓度适中、（　　）。

A. 酱香浓郁　　B. 口味鲜甜　　C. 口味鲜咸　　D. 鲜甜适中

49. 醉蟹的醉制时间以（　　）天为宜。

A. 3　　B. 5　　C. 10　　D. 18

50. 广东风味糖醋汁色泽（　　），酸甜味道自然，口味柔和。

A. 酱红　　B. 红亮　　C. 浅黄　　D. 金黄

51. 菜肴成品主色形成以（　　）为佳。

A. 原料自然色　　B. 加热形成色

C. 配菜形成色　　D. 食用色素染色

52. 菜肴的调色方法有浸润着色法、（　　）、包裹着色法3种。

A. 吸附着色法　　B. 配菜着色法

C. 加热着色法　　D. 配料着色法

53. 烹调工艺中热能在水中的传递方式是（　　）。

A. 对流　　B. 传递　　C. 辐射　　D. 传导

54. 根据菜肴成品的特点要求，过油的方法可分为（　　）和滑油法两种。

A. 走油　　B. 重油　　C. 拉油　　D. 温油

55. 清汤按质量和用途可分为一般清汤和（　　）两种。

A. 高级清汤　　B. 高级鸡汤　　C. 高级肉汤　　D. 高级牛肉汤

56. 对于菜肴的火候而言，加热（　　）和加热时间是两个关键要素。

A. 温度　　B. 湿度　　C. 速度　　D. 力度

57. 小火和微火火焰微小，光度（　　），热气不足。

A. 明亮　　B. 发红　　C. 发暗　　D. 发亮

58. 煎制菜肴的调味时机是（　　）和加热后的调味。

A. 加热前　　B. 加热中　　C. 刀工前　　D. 选料中

59. 煎制菜肴的成品特点是：两面色泽金黄，外酥里嫩，口味干香，（　　），形扁而平。

A. 油量大　　B. 汤汁多　　C. 质地滑嫩　　D. 无汤无汁

60.（　　），质感外焦里嫩、滑嫩、软嫩，口味多样是熘菜的主要特色。

A. 芡汁多　B. 芡汁少　C. 芡汁明亮　D. 芡汁浓稠

61. 焦熘菜的口味特色是咸鲜微酸或（　　）为主。

A. 酸甜味　B. 酸辣味　C. 鱼香味　D. 浓香味

62. 爆制法根据传热介质的不同，可分为（　　）和汤（水）爆两种。

A. 油爆　B. 盐爆　C. 酱爆　D. 葱爆

63. 烩制法是制作（　　）汤菜的一种技法。

A. 带芡汁　B. 带油汁　C. 带汤汁　D. 带醋汁

64. 焖与㸆的区别之一是㸆制法（　　），焖制法少许勾芡。

A. 勾浓芡　B. 勾薄芡　C. 勾厚芡　D. 自然收汁

65. 烹菜的主要成品特点是：爽口不腻，略有（　　），不勾芡。

A. 清汁　B. 白汁　C. 芡汁　D. 油汁

66. 干烧与红烧的不同点是味型和（　　）的不同。

A. 原料　B. 调料　C. 芡汁　D. 制法

67. 熘鱼片色泽洁白，质滑嫩，鱼片应挂（　　）。

A. 蛋清糊　B. 雪衣糊　C. 全蛋糊　D. 水粉糊

68. 为保证黄焖鸡块质感酥烂，汁浓味醇的成品特色，焖制时应（　　）。

A. 大火速成　B. 炒糖上色　C. 二次调味　D. 加盖焖制

69. 为保证烹虾球成品色浅黄，质爽嫩，应选用（　　）滑油。

A. 大火温油　B. 热锅凉油　C. 小火温油　D. 低温滑散

70. 爆鱿鱼卷滑油的油温以（　　）成热为宜。

A. 四　B. 五　C. 六　D. 八

71. 干炸响铃的味碟是（　　）、葱白或椒盐。

A. 豆瓣酱　B. 甜面酱　C. 辣椒酱　D. 沙茶酱

72. 炸猪排的成品特点是：色泽金黄、干香爽口、（　　）、外酥里嫩。

A. 无汤无汁　B. 少有汤汁　C. 少有芡汁　D. 少有油汁

73.（　　）晾凉后再食用是热制冷吃菜肴在食法上的特色。

A. 原料　B. 熟料　C. 汤汁　D. 成菜

74. 卤制质地较老的菜肴原料，卤好后可浸在原卤汁中，目的是提高嫩度和（　　）。

A. 入味　B. 增色　C. 保鲜　D. 保质

75. 卤制法以卤水的色泽划分，可分为红卤和（　　）两种。

A. 白卤　B. 黄卤　C. 酱卤　D. 盐卤

76. 酱制动物性原料时，一般是先将原料用有色调料、盐和（　　）腌渍。

A．香料　　B．酱油　　C．面酱　　D．料酒

77．炝制法常用的香辛料主要是（　　）。

A．蒜　　B．葱　　C．花椒　　D．辣椒

78．海米炝芹菜的质感特点是芹菜（　　），海米柔韧。

A．脆嫩　　B．软嫩　　C．滑嫩　　D．鲜嫩

79．什锦拼盘在选料时要注意（　　）搭配要和谐，荤素比例适当。

A．形状　　B．质地　　C．色彩　　D．滋味

80．为使白斩鸡皮爽肉嫩，将浸至断生的鸡立即用（　　）浸泡，使之冷却。

A．温水　　B．开水　　C．凉水　　D．凉开水

二、判断题（第1题~第20题。将判断结果填入括号中。正确的填“√”，错误的填“×”。每题1分，共计20分。）

（　　）1．道德比法律产生得早。

（　　）2．职业道德是人们在职业过程中形成的外在的、强制性的约束机制。

（　　）3．家禽是指人类为满足肉、蛋等需要，经过长期饲养而驯化的鸟类。

（　　）4．对虾肉色透明，肉爽滑，味道鲜美。

（　　）5．禽类脂肪中富含较多的不饱和脂肪酸，容易被人体消化吸收和利用。

（　　）6．烹饪原料品质的鉴别方法有理化鉴定和感官鉴定两种。

（　　）7．汆烫鳝鱼时水不能沸腾，否则鱼皮会破裂。

（　　）8．油发动物性干货原料一般先用热油后用凉油涨发。

（　　）9．猪上五花肉和下五花肉的用途是一样的。

（　　）10．长形鱼的剔骨方法有生料剔骨和熟料剔骨两种。

（　　）11．菜肴原料质地的组配可分为同质组配和一般原料搭配两种形式。

（　　）12．质地较老的原料挂糊时，糊的浓度应稀一些；较嫩的原料，糊的浓度应稠一些。

（　　）13．酱料浆主要用于蒸制类菜肴和烤、焗类菜肴。

（　　）14．烹调前加盐目的是使原料有一个基本咸味，并使原料收缩。

（　　）15．香味是菜肴质量的重要指标，是后于味觉的感觉。

（　　）16．水是烹调中最常用的传热介质。

（　　）17．在烹制过程中必须根据原料性质和形态的不同，运用不同火候。

（　　）18．爆菜的技术特点是大火热油或沸水，加热时间短，瞬间成菜。

（　　）19．热制冷食的菜肴制作方法主要有炝、拌、腌、醉等。

（　　）20．白煮法汤汁中不用咸味调料，取料而不用汤。

参考答案

中式烹调师（中级）理论知识模拟题答案

一、单项选择题

1. C	2. A	3. C	4. A	5. C	6. B	7. A	8. D	9. C	10. D
11. D	12. A	13. D	14. D	15. D	16. A	17. B	18. C	19. D	20. A
21. A	22. C	23. B	24. B	25. A	26. C	27. A	28. A	29. D	30. D
31. A	32. A	33. A	34. A	35. C	36. A	37. C	38. D	39. B	40. A
41. B	42. A	43. D	44. C	45. C	46. B	47. C	48. A	49. A	50. C
51. A	52. A	53. A	54. C	55. A	56. A	57. D	58. A	59. D	60. A
61. A	62. A	63. A	64. D	65. A	66. A	67. A	68. D	69. C	70. B
71. A	72. C	73. B	74. A	75. A	76. A	77. A	78. A	79. C	80. A
81. A	82. C	83. D	84. D	85. A	86. D	87. D	88. D	89. A	90. D
91. A	92. A	93. A	94. A	95. A	96. D	97. A	98. B	99. D	100. C
101. A	102. D	103. D	104. C	105. A	106. D	107. C	108. D	109. A	110. C
111. A	112. A	113. A	114. B	115. D	116. C	117. C	118. C	119. B	120. D
121. C	122. B	123. D	124. A	125. A	126. D	127. B	128. D	129. A	130. A
131. C	132. A	133. D	134. A	135. A	136. C	137. D	138. A	139. A	140. A
141. A	142. A	143. A	144. A	145. A	146. D	147. D	148. A	149. C	150. A
151. B	152. D	153. C	154. C	155. A	156. A	157. A	158. D	159. A	160. A

二、判断题

1. √	2. ×	3. ×	4. √	5. ×	6. √	7. ×	8. ×	9. ×	10. ×
11. ×	12. ×	13. ×	14. ×	15. ×	16. ×	17. √	18. √	19. ×	20. ×
21. √	22. √	23. ×	24. √	25. ×	26. ×	27. √	28. ×	29. ×	30. ×
31. ×	32. √	33. ×	34. ×	35. ×	36. √	37. √	38. √	39. ×	40. √

中式烹调师（中级）理论知识模拟试卷答案

一、单项选择题

1. A	2. A	3. C	4. C	5. D	6. A	7. C	8. A	9. A	10. C
11. D	12. A	13. B	14. C	15. B	16. C	17. A	18. D	19. C	20. D
21. A	22. B	23. A	24. D	25. B	26. C	27. B	28. B	29. A	30. B
31. C	32. A	33. A	34. B	35. B	36. D	37. A	38. C	39. D	40. B
41. A	42. A	43. B	44. C	45. D	46. A	47. A	48. A	49. C	50. B
51. B	52. A	53. A	54. A	55. A	56. A	57. C	58. A	59. D	60. C
61. A	62. A	63. A	64. D	65. A	66. C	67. A	68. D	69. A	70. D
71. B	72. A	73. D	74. A	75. A	76. A	77. C	78. A	79. C	80. D

二、判断题

1. √	2. ×	3. √	4. √	5. √	6. √	7. √	8. ×	9. ×	10. √
11. ×	12. √	13. √	14. √	15. ×	16. √	17. √	18. √	19. ×	20. √

参考文献

［1］郭志鹏，王莹．烹饪原料与加工技术［M］．北京：中国商业出版社，2014.

［2］孙一慰．烹饪原料知识［M］．3 版．北京：高等教育出版社，2022.

［3］李刚，王月智．中式烹调技艺［M］．2 版．北京：高等教育出版社，2009.

［4］人力资源社会保障部教材办公室．中式烹调师（初级　中级　高级）［M］．北京：中国劳动社会保障出版社，2020.

［5］罗长松．中国烹调工艺学［M］．北京：中国商业出版社，1990.

［6］朱云龙．冷菜工艺［M］．北京：中国轻工业出版社，2000.

［7］唐美雯．烹饪原料加工技术［M］．北京：高等教育出版社，1995.

［8］人力资源和社会保障部教材办公室．中式烹调师（中级）［M］．2 版．北京：中国劳动社会保障出版社，2010.

［9］邹伟，李刚．中式烹调技艺［M］．3 版．北京：高等教育出版社，2022.

［10］杨筱筠，罗斌．把握时机，调出美味［J］．解放军健康，2019（3）：1.

［11］陈洪华．调味品的调色工艺研究［J］．中国调味品，2011，36（12）：3.